黄河水利委员会治黄著作出版资金资助出版图书

张含英治河论著拾遗

本书编辑组 编

黄河水利出版社

·郑州·

图书在版编目(CIP)数据

张含英治河论著拾遗/本书编辑组编. —郑州:黄河水利出版社,2012.12

ISBN 978-7-5509-0384-5

Ⅰ.①张…　Ⅱ.①本…　Ⅲ.①黄河-河道整治
Ⅳ.①TV882.1

中国版本图书馆 CIP 数据核字(2012)第 290388 号

出 版 社:黄河水利出版社

地址:河南省郑州市顺河路黄委会综合楼 14 层　邮政编码:450003

发行单位:黄河水利出版社

发行部电话:0371-66026940、66020550、66028024、66022620(传真)

E-mail:hhslcbs@126.com

承印单位:河南省瑞光印务股份有限公司

开本:890 mm×1 240 mm　1/32

印张:6　　插页:2

字数:173 千字　　印数:1—1 500

版次:2012 年 12 月第 1 版　　印次:2012 年 12 月第 1 次印刷

定价:35.00 元

在美国考察(1945年)

张含英具有浓郁的黄河情结。晚年，他仍在研究黄河治理开发中的问题

张含英在讲述民国黄河历史

《张含英治河论著拾遗》编辑人员

审　　定　侯全亮

主　　编　易成伟

执行主编　蔡铁山

副 主 编　邵　彬　陈　博　马广州

编　　辑　宋华力　蔡蓉蓉　张国选　吴　洋

石洪斌　张　雁　许登霞　孔　波

朱　丰　寿永光　李倩倩　白丽华

张国庆　李加加　张　丹　李　莉

前　　言

水利部原副部长、著名水利专家张含英先生，是我国近代水利事业与治黄事业的开拓者之一，20 世纪中国水利事业与治黄事业发展的见证人。在近 80 年的治水生涯中，他把全部身心献给了祖国的水利事业，特别是对黄河的治理与开发，作出了不可磨灭的贡献。他将近代科学技术与传统治河经验相结合，理论联系实际，写出了《黄河治理纲要》、《历代治河方略探讨》、《明清治河概论》等 10 余种治黄专著以及大量论著。他贯彻上中下游统筹、除害兴利并举的治黄指导思想，为从利用传统经验治河转向利用近代科学技术治河指明了方向。

张含英先生的论著，有一部分已由他本人结集出版，其中，1936 年出版的《治河论丛》，收录了作者发表的 16 篇治黄论著，1992 年出版的《治河论丛续篇》，主要收录了作者 1949 年以后发表的 40 余篇治黄论著。而 1936 ~ 1949 年发表的重要论著，由于年代久远，作者编《治河论丛续篇》时因年迈无力收集，因而未能编入文集。1936 年以前及 1949 年以后的重要论著，也存在遗漏未收入文集的现象。这些论著是张含英著作体系的有机组成部分，对于研究他的治黄思想的形成与发展，具有重要的学术参考价值。《张含英治河论著拾遗》辑录的就是张含英先生未能收入文集的这 20 余篇重要论著。

收集这些史料，要追溯到 1999 年，那时民国黄河史研究工作刚起步，项目组的同志们在筛选资料时发现，不少张含英的论著未收入文集，于是便作为专题对这部分论著进行了收集。

在民国黄河史研究过程中，编者在有缘面见张老的几次难得的机会里，曾和张老谈及他的部分论著散佚问题。张老指出：晚年由于身体原因，不便远行，有二三十篇文稿未能收入文集，只好忍痛割爱。言语之间，流露出无限的惋惜与眷恋。

项目组的同志们深受感动，于是就在民国黄河史研究告一段落后，有关同志专门抽出时间对这部分资料作了系统研究整理，编辑成本书。

这些散佚的论著共有22篇，发表在新中国成立前后的有关刊物上，以研究治黄工作为主，兼及中国水利问题。其中，写于新中国成立前的论著有12篇，写于新中国成立后的有10篇。

在这些论著中，张老主要阐述了下列观点：

（一）推行新的治水方略。张老认为治水方略是变动的、发展的，是随经济、技术的发展而发展的，所以对于历代方略应师其大义，而不能因循守旧。这个观点，反映了民国时期一批掌握近代水利技术的人员，呼吁采用近代科学技术来发展中国水利事业、开展黄河治理的愿望，开拓了治黄思路，对于治黄事业的发展具有积极的推动作用。“何谓治水方略？处理水利事业之基本方法或策略也，犹军事上之战术与战略耳。治水方略与普通所谓定理之性质不同。定理之性质系放诸四海而皆准，俟诸百世而不变。方略之性质乃随时代之前进而前进，是日新而月异，曾无固定之标准，及可认为圆满之止境。其所以前进不已，日新月异者，则以诸般学术或知识皆与时俱进，社会之经济情形都日益发达，治水之事已受其影响，且得有随时推动之力量也。尤以数十年来，诸般学术知识皆突飞猛进，经济情形亦有异常之发展，因此治水方略亦随之无时不在急剧变动之中。”

（二）重视基本资料积累。中国古代治河，因受科学技术水平的限制，对于黄河特性的认识，多着眼于定性的分析，缺乏定量的研究；对于河势工情的判断和处置，多凭借长期积累的经验，缺乏科学的论证和依据。不知道暴洪从哪里来，来量多少，含沙多少，持续多长；不知道水位多高，会不会漫堤。因而，防洪工作极为被动，决口泛滥也就在所难免了。至于开展流域治理，修建水库工程，就更无从谈起了。

在近代水利技术传入中国之后，基本资料的不足仍然严重制约着黄河治理开发事业的发展。“我国虽有先进之组织，而无完备之计划者，则因基本资料之贫乏。即以今日而论，不仅‘流域计划’之不可能，即欲谋局部之改善，亦无充分之资料可为依据，更遑论以全流域为改造之对象耶？"

因此，张含英批判了治河上的急功近利思想，主张治黄应从准备基本资料着手。"测量为用科学方法治河之初步工作，水文站又为其中轻而易举者，应早日着手。否则对治河之意见，仍多假定之事实，臆想之理论，结果所有设计，多系'猜谜'工作，常有人责称今世无能治河者，然则以缺乏根据及张本之大河，谁能操其必胜之券？治兵亦必'知己知彼'，若欲以科学方法治河，而无科学之根据，非所能也。中西治河家，莫不建议由测量着手，今不是之图，而以治河方策相询问，舍本求末，乌能有所得耶？"

（三）重视人才培养。近代以前，治水是行政官员们的职责，他们既是发号施令者，又是"技术专家"，做什么，怎么做，全在他们一念之间，别人无权过问。因此，工程的措置，成功与失败，偶然性很大，劳民伤财的事情层出不穷。也有个别官员注意笼络技术人员，并取得一定成效。但技术人员既少，所谓的技术也多限于对河流泥沙定性的认识，和近代科学意义上的技术一词含义不同。而近代治河技术的实施，则需要大量各方面的技术人员，这决定着治水方略能否顺利推行及成败，因而张含英建议对水利技术人才的培养要予以重视。"人是一切事业之主动，关系重要，自不待言。惟针对我国环境之所应特为申明者，即欲执行某种任务，必须有某种专才。欲推行现代之治水事业，必须有现代之治水人才，不特有焉，且须足用。我国治水技师与技工之缺乏，已属尽人皆知，无可讳言。虽集中现有之人才于某一流域或其一支，亦未必足敷支配。设不努力于人才之训练而欲全国治水事业，突飞猛进，并跻于现代强国之林，不可得也。"为此，张含英一生中用了不少时间从事培养人才的工作，当教授，写讲义，付出了大量心血。

（四）提倡科学治河。民国及其以前，由于科学技术水平以及人们认识自然能力的局限，治黄工作尤其是防洪方面仍然存在迷信现象，所谓能助人防河或堵筑决口的河"大王"、"将军"的传说流传很广，认为不管洪水多大，只要"大王"、"将军"出现，就不会决口。倘若黄河决了口，只要他们出现，则必能很快堵上。两岸百姓对此深信不疑，治水官员亦有间或一用者。于是在洪水滔天、河防紧张之际，不是尽力抗洪，而是转拜神灵，因此贻误河工而致决口者，屡见不鲜。张含英撰文介绍了这些迷信的情况，分析了产生这种迷信的深刻的社会和思想根源，批评了统治阶级的愚民政策，呼吁普及教育，铲除迷信，科学治河。“科学渐明，略窥宇宙之秘密，于是神之势力亦渐减少。然此就一般有知识者言之，愚夫愚妇，犹深信之。黄水滔天，骇人听闻。其来也，难以阻止；其过也，房屋丘墟，生命财产尽付东流。其畏惧黄河之心，胜过宇宙之一切。如是则不得不有所信仰，以资寄托。是故大河南北，虽妇孺尽能详道‘大王’之神明，与‘将军’之灵验也。在上者亦利用此等心理催眠民众，往往有奇效。”

（五）对黄河未来充满信心。张老认为，黄河有着有利的地形，相当数量的水源，黄河流域有着肥沃而广大的高原和平原，通过全面治理与综合开发，黄河流域的面貌会发生根本变化，会成为我国的一大富源。张老指出：有些资本主义国家的工程师竟妄说黄河流域两千年后就要变成一片沙漠，这完全是污蔑，完全不了解人民的力量。我们不但不会让它变成沙漠，反而要黄河变清，要黄土高原变为葱茂的森林、丰产的农田，黄河将永绝水患，黄河将给我们带来大量廉价的电力，推动工业的发展，灌溉亿万亩农田，增加农业的生产，开辟几千里的航道，畅通轮船的交通。黄河流域将要变得风调雨顺、美丽富饶。

此外，张含英对治黄资金筹措、西北水利开发、黄河花园口堵口以及南水北调等问题，均有所论述。对于治黄资金问题，张含英主张立足于自力更生，然后才可以考虑争取外援。“故曰惟有自力更生，方是最上之策，惟有先行尽其在我，然后可望求之于人。不然，对于建国计划之力，犹不肯下，建国事业之成，又何可望？欲求国家之进步，岂不难耶！”而关于花园口堵口，张含英一方面肯定了抗战后堵口的必要性和紧迫性，另一方面主张应先修复黄河下游残破已极之堤防，而后再堵筑花园口口门，以避免造成新的泛区。这种从黄河工程现状和两岸人民生命财产安全出发提出的堵口意见，与日后国民党军政人员主张以水代兵，水淹解放区的图谋，形成了鲜明的对比，也与后来中国共产党主张“先复堤，后堵口”的意见不谋而合，具有远见卓识和进步意义。

张含英所孜孜以求的治黄主张，如今大部分已得到实现，水利的发展也早已超越了张含英所代表的那个时代，但张含英在其著作中所蕴涵的对中国水利事业和治黄工作倾注的热情，执著的钻研精神，深思熟虑的见解，仍足令我们敬仰。在他身上所展现的勤勤恳恳、任劳任怨干事业的作风，与时俱进、开拓创新的干事业的观念，愈挫愈奋、永远前进的干事业的勇气，更应该继承和发扬。这是今天我们在学习张老的著作时，在缅怀这位“世纪老人”、“20 世纪中国水利的见证人”时所应该谨记的。

相信本书的出版，对于研究近代以来的治河历史和张含英的治河思想，对于今后黄河治理开发与管理事业的发展，会起到积极的促进作用。

编　者

2012 年 6 月

凡 例

一、本书的整理，坚持既忠于原著，又方便研究与学习的原则，在尽可能保持原著本来面貌的同时，也作了一些技术处理。

二、论著的编排，按发表时间结合专业进行。首先，按发表时间将论著分为治理黄河的研究与实践、从国外水利发展看黄河治理与黄河治理开发的新纪元三大部分。其次，每一部分又按治黄方略、修防、防洪、堵口、水政、科学研究等顺序排列。

三、由于本书所辑论著时间跨度较大，早期文章的行文方式、字体等方面与今天相比有很大的不同，为方便读者阅读，作了以下具体处理：

（一）原文字体多为繁体字，整理时以1964年国务院公布的简化字总表为准，改为简化字。

（二）对于早期文章中大量使用的汉语数字，尽量改为阿拉伯数字，如“堤顶高六六点五五五公尺”改为“堤顶高66.555公尺”，“蓄湖长一百五十英里”改为“蓄湖长150英里”等。对于汉语数字的一些习惯用法，如八九公尺，三四公里等，则未改动。引文中的数字亦未改动。年号中所用数字，民国以前的一般未改动，民国以后的依习惯一般改为阿拉伯数字。本书中的计量单位，为作者当时所处时代的用法，另外，有些数字后面没有单位，为保持历史原貌，未作改动。

（三）早期的标点用法与今天大为不同，如书名号、引号均为“「 」”，整理时以我国现行《标点符号用法》为准，改为现在使用的标点符号；一些书籍，如宋史河渠志，未加书名号，整理时予以添加。

（四）对于别字、衍文、错字、不当标点，整理时在正文中直接进行了改正。

（五）文中一些旧行政区域名，如“绥远省”、“平原省”等，今天已较陌生，整理时尽可能在文末加了注释。

（六）对于文中漏字、模糊不能辨认之字，根据上下文考证后，将考证结果注释于文末。

（七）文章中某些人名下，原有小横线一道，乃过去行文习惯，如谢绪，整理时将小横线删去。

（八）文章中外国河流、地名等专有名词很多，译名与今天多有不同，文中未加改动，而将今天通用译名注释于文末。如“米苏里河”，英文名为“Missouri River”，在该文末注明今天译名为“密苏里河”。

（九）有些文章原附有图片，整理时尽量予以保留。《黄河之迷信》一文中，由于所附图片较多，且都大同小异，整理时仅保留两幅作为参考，余则删去。

目　录

一　治理黄河的研究与实践

视察河北省黄河堤防工程 …………………………………………… (3)
各河流之洪水峰研究 ……………………………………………………… (8)
勘察冯楼堵口工程 ………………………………………………………… (10)
黄河沙量质疑 ……………………………………………………………… (16)
黄河水利委员会成立一年来的工作 …………………………………… (22)
黄河之迷信 ………………………………………………………………… (30)

二　从国外水利发展看黄河治理

美国治水之精神及其方法 ……………………………………………… (43)
治水方略之新动向 ………………………………………………………… (53)
密西西比河试用之两种新式护岸工程 ………………………………… (65)
威权之水利组织 …………………………………………………………… (71)
河水含沙与灌溉之关系 ………………………………………………… (82)
考察美国水利报告 ………………………………………………………… (88)

三　黄河治理开发的新纪元

治理黄河新的里程碑 ……………………………………………………… (99)
根治黄河水害和开发黄河水利的综合规划的优越性 ………… (107)
黄河大堤 ……………………………………………………………………… (119)
一九四九年黄河洪水的分析 ………………………………………… (126)
积极进行综合考察　加速制订南水北调规划 ……………………… (147)
敬祝治黄胜利 …………………………………………………………… (151)
我爱黄河 …………………………………………………………………… (154)

人民水利事业辉煌的成就和发展前途 ……………………………（163）
黄河的治理 ……………………………………………………………（167）
梦寐以求的理想实现了 ………………………………………………（171）

附录　黄河世纪追梦人——缅怀“治河奇人”张含英先生 …（174）

一　治理黄河的研究与实践

视察河北省黄河堤防工程[1]

查河北省黄河河务局所辖南北堤段，共长约150公里，各分4段防守。近20年来，南岸险工则有四段之刘庄，北岸险工则有三段之老大坝。其他各险，旋起旋平，斯二处者，实多年之巨险也。去年又以溜势陡变，南岸加增险工2处，一为二段之十一堡，一为三、四段交界之冷寨，惟河北省之河患，不仅在于大溜顶冲之险，且受串沟冲袭之害。南岸顺堤串沟，上起阎潭，下至霍寨，凡30公里，其下则忽断忽续，以至刘庄。北岸则上起大车集，下抵坝头填，凡60公里。宛如与大河平行之支河，形成川字。正河与顺堤串沟之间，又连横串沟，如叶之网络，纵横分注，以泻洪流。故每逢汛水暴涨，则分泻而下，冲刷南北堤脚，几至处处靠水，段段皆险。故民国22年及23年之大决，胥由是也。兹将南北各段情形，逐节报告如下：

一、南一段

自河南省兰考段堤工加培之后，堤顶较河南省南一段者约高5公寸。兰考段则根据民国24年洪水位，超出1公尺余（河南省黄河河务局尚未测验完竣，故系约数），南一段则根据民国22年洪水位高出2公尺也。此段堤面堤坡，尚称整齐。至阎潭则有自斜李庄来之串沟直射大堤，阎潭一带宜作护沿。至小李庄则有自兰通集来之串沟，沟身宽大，形势尤为险恶，堤岸虽有护沿，仍须加厢。本会前曾协助该河务局作截坝4道，二在马厂之南，一在大王寨之南，一在小李庄附近，坝顶约宽10公尺，现正加作柳护沿。惟自小李庄之串沟直冲大堤，形势岌岌，截坝又系新工，尚未坚实，应饬该河务局严加防守，以防不测。

其下小庞庄，为民国22年堵决之处，亦紧逼串沟，去年曾出漏洞甚多，幸皆以抢护得力，未致成灾。

据报称，本段堤顶间有较民国24年洪水仅高6公寸者，似应酌量加培，该段长25公里又910公尺。

二、南二段

霍寨上游有李连庄者，为光绪年间巨险，其后河道变迁，溜渐西移，民国2年以后，该段即无险工。民国24年大溜顶冲霍寨下之十一堡，至12月始脱险。今则河溜又稍有变化，坝基附近已成清水，天河嘴之西又现淤滩，溜已西移，约距岸半公里，直下西北，据报称系于本年桃汛时外移者。天河嘴及西东明集两地，皆系好土，西东明集附近原有旧筑土坝数道。十一堡情势虽不若去秋之严重，惟外滩新淤，难御冲刷，水位若涨，大溜或有变动。且坝基附近水深尚有6公尺，故不可不先事预防。查此处只有砖坝两道，柳坝数道，砖坝顶高出水面约2.5公尺（5月14日），第一坝身亦短，如遇大水骤至，恐有漫冲之虞，故宜加高接长，如能添筑砖石坝数道，尤为安全，否则亦应作柳坝及护沿工程，以资抵御。据报称原拟加修，嗣以此段工程，列入复堤案内，而复堤之款，尚未蒙省府发下，以致未能着手。时机迫促，似应请省府早日筹拨，以便赶速兴工。

霍寨附近据本会测量，堤顶高66.555公尺，民国24年洪水高64.173公尺。

又毛店串沟现已动工堵筑，作拦沟土坝。该段长10公里又150公尺。

三、南三段

西东明集而下，正河北趋，离堤益远，及至高村以上之斜街，溜渐趋堤，斜街附近并有深潭。高村之下，大坝距河120公尺，长坝距河94公尺，二坝距河90公尺，四坝距河56公尺，六坝距河119公尺。滩地微见冲刷，幸土质尚好，未至过甚。然高村曾于光绪六年决口，十三坝则于民国19年抢险费30余万之巨。守滩本为先贤遗训，故可于高村滩上，预设防御工作。再高村圈堤残破不堪，该堤本为民国19年抢险时由人民赶筑，年久失修，似亦有加培之必要。

该段长 15 公里又 452 公尺。

四、南四段

溜自高村之下渐向北移，至三、四段交界之冷寨，则又趋逼南堤，亦为民国 24 年新险。今春溜曾外移，惟于六、七日前（约在 5 月 7 日），溜复靠坝，但系花溜，尚非顶冲，然危险情形，仍未免除。该处原有砖柳坝 10 道，似系抢险时期紧迫工作，故高大皆有不足，冀省复堤工程计划，原拟增长加厢，实属必要之举。惟尚未动工。亟应速于着手办理。

冷寨而下，正河距堤渐远，迨至刘庄，河复靠堤，遂为多年险工。惟在民国 24 年，以下游南岸董庄溃决，河势稍变，大溜下移朱口，刘庄得以减轻。及至朱口脱险，溜复上提，一星期前，大溜尚在官厅之后，今则提至六坝。董庄堵口既告合龙，则刘庄必仍为险工。该河务局对于此处春厢工作亦殊努力，所收秸料截至 5 月 15 日，计有 103 万斤，加厢工作已做成 80% 。现存小砖 4 万，石 100 市方。皆不足供抢险之用，据称尚拟购砖 10 万，惟款尚无着。又称今年春季因河兵调赴董庄工作，亦未存储土牛。该处堤顶高出民国 24 年洪水约 2 公尺。是故刘庄之所应急办者，在于广备物料，以供汛期抢险之需。

该段长 11 公里又 697 公尺。

五、北一段

该段上起大车集，下抵河南滑县界，长 31 公里又 387 公尺。其自大车集至石头庄 20 公里间，堤身经民国 24 年紧急工程加修之后，尚称整齐。惟迭次决口，滩床淤淀甚高，而又土多沙质，堤岸易于坍塌。临河堤脚，多为串沟冲刷，串沟仍存清水，深自 1 公尺至 5 公尺不等，大汛一临，自必猛如巨川。故护岸工程亟应找补加修。全段堤身高度仍感不足，即以九股路而论，堤顶较民国 24 年洪水约高 1 公尺，其他各处间有仅高出半公尺者，实有再行加培之必要。如本年万一赶办不及，亦应修筑子埝并多备土牛。

大车集而上之太行堤，较大堤低约1.2公尺，残破不堪。该河务局虽有加培计划，惟以春工款项尚未拨足，迄未兴工。该处于民国22年及23年皆连年抢守，水将及顶，应急加修培。

河务局现正修整香里张及小苏庄一带柳护沿及堤顶坦坡。

六、北二段

北一段与二段之间有河南滑县老安堤，长7公里又738公尺。该处曾修有挑溜土坝6道，计一坝长130公尺，二坝长250公尺，三坝长90公尺，四坝长202公尺，五坝长84公尺，六坝长170公尺。本年新加柳枝护沿各坝挑溜工作，颇见成效。

该段之曹庄为串沟顶冲之地。蓬村集之第四坝头正加柳护沿。本段堤顶亦约高出民国24年洪水1公尺。且背河率皆连续之清水潭，取土极为不易，亟应早备土牛，或兴修加培工作，迟则用费更巨。自蓬村集至坝头镇滩上原有民埝一道，为民国11年所修，经民国24年7月大水冲毁。北堤骤临大河，漏洞殊多，幸而抢护平稳。该段临河柳树甚多，并极繁茂。

该段长19公里又674.5公尺。

七、北三段

老大坝为多年险工。本年春工，已购买秸料103万斤，加厢各埽完竣，共用秸料83万斤，现存20万斤，似仍应添备防汛物料。

该段长5公里又75公尺。

八、北四段

刁城集本为宣统三年决口之处，民国21年又经冲决，幸未出圈堤。次年修有砖坝。近年幸未靠近大溜。现该处头道坝正在加厢，购有秸料5万斤。

该段之下端董楼滩地，前以大溜由李升屯南来，冲刷颇速。20日前（4月底）曾经前往查勘。现据报称，该处河距大堤尚有410公尺，业已停止坍塌。仍应预为之防，以备大汛时期再有变化。

本年河北省春工着手较晚，而春工经费预算虽为8.9万元，乃仅领到5万元。复堤工款亦未拨发，而该省之工程亟待兴修者，又若是之繁重，如不加紧赶办，恐将不及，应即商请河北省政府早日拨发。该省防汛预算为11.8万余元，亦应一并请其筹拨。而杜局长(2)到差甫20日，筹办材料，加紧工作，对于老大坝及刘庄险工行将加厢完竣，并着手各项护沿工作，虽为款项所限，其工作努力，殊堪嘉许。

注：（1）民国时期，黄河下游长垣、濮阳、东明三县属河北省辖境，河北省在这三县设有黄河修防机构，办理修防事宜。

（2）杜局长，指河北省黄河河务局局长杜玉六，1936年4月至1938年任职。

各河流之洪水峰研究[1]

查本会去年在镇江举行第4次年会时，曾指派含英为中心问题研究委员会第5组主任委员，研究“各河流之洪水峰”问题。当即分别通知担任本组研究之各会员，并请将研究结果赐交，以便汇报。迄今送来者凡论文3篇，计：（一）徐世大之《洪水流量估计方法之检讨》；（二）吴明愿之《黄河之理想洪水峰》；（三）张含英之《黄河最大流量之试估》。此外，讨论洪水峰研究已经刊载之论文亦复不少，如：（一）须恺之《淮河洪水之频率》；（二）萧开瀛之《淮河之洪水量》；（三）徐世大之《永定河治本计划之根据——水象，第十一节永定河之流量与最高流量之估计》；（四）《扬子江防汛专刊》第三章第二节最大洪水周期之研究。惜水文之测验不久，流量与其因素之关系难明，迄未有合理之解答，详确之结果。估计洪水流量之困难已详载徐先生《洪水流量估计方法之检讨》中。然今者各河之水文设备，已有基础，则来日资料丰富，更可以助吾人以研究之依据也。兹就上述各家讨论结果，摘录于次，用备参考。

一、永定河周期洪水流量表

周期年数（年）	最高洪水流量（以秒立方公尺计）
5	3890
10	4650
20	5450
50	6480
100	7250
500	9120

二、黄河最大洪水流量

甲：最大洪水流量为30000秒立方公尺。

乙：每年常有之洪水流量为6800秒立方公尺。

三、淮河洪水之频率表

频 率	洪水流量（以秒立方公尺计）
10年1次	10000
20年1次	11000
50年1次	14400
百年1次	15500

四、扬子江洪流估计

甲：10年一见之水位为14.80公尺，流量约为63000秒立方公尺。

乙：百年一见之水位为15.80公尺，流量约为73000秒立方公尺。

丙：千年一见之水位为16.70公尺，流量约为82000秒立方公尺。

注：（1）本文中所列各论文发表情况如下：

徐世大《洪水流量估计方法之检讨》，文载《华北水利月刊》，民国24年第8卷第1、2期合刊；

吴明愿《黄河之理想洪水峰》，文载《水利》，民国25年第10卷第1期24页；

张含英《黄河最大流量之试估》，文载《黄河水利月刊》，民国23年第1卷第5期；

须恺《淮河洪水之频率》，文载《水利》，民国22年第5卷第2期；

萧开瀛《淮河之洪水量》，文载《水利》，民国21年第2卷第5、6期合刊；

徐世大《永定河治本计划之根据——水象，第十一节永定河之流量与最高流量之估计》，文载《华北水利月刊》，民国21年第5卷第3、4期合刊。

勘察冯楼堵口工程[1]

一、北岸大堤漫决情形

北岸大堤由大车集至石头庄，计有决口30处，经此次漫决，新滩已淤与堤平，据称未决之前，堤内之滩较堤低约3公尺，堤外之地约5公尺，今则一带平坦，除现有两旁柳树尚能表示堤之遗迹外，更无堤地之分矣。堤上土牛约距30公尺一个，因经时已久，均已倾圮，香亭以东为第27决口，其漫决遗迹，不甚明显，燕庙以东为第28决口，该处沟洫甚多，且漫决遗迹犹存，张武才寨为第29决口，石头庄为第30决口，冯楼距石头庄12华里，河流由冯楼第3口门向北流，经石头庄迤逦向西北及东北流300余里而至陶城埠[2]，始复归黄河故道正槽。石头河面，阔300余公尺，深约4公尺，冯楼与石头庄之水位差，变化甚大，且随流之大小而异。

二、堵口工程

查冯楼决口凡4，前马寨与后马寨之间为第1口门，后马寨至岛树西为第2口门，自岛树以东约不及半里，东西平行相望，为第3口门，最东紧傍冯楼为第4口门。当河水盛涨时，4道口门，水势不相上下，北上至香亭、石头庄一带，冲破大堤，漫流入豫境滑县，水之宽至10余里之广，一片汪洋，庐舍为墟，由滑县入河北濮阳县，继入鲁省范县、寿张[3]、阳谷、东阿等县至陶城埠而复归黄河故道，凡经过之县有8，水面最宽处有30余里。现冯楼第1、第2、第4口门之堵口工程，业已完竣，其堵之法，系皆用挂柳沉淤之法，淤后筑堤。第1口门所筑堤工，长约500公尺，阔8公尺，土质沙多泥少；第2口门所筑堤工，长250公尺，阔10公尺至12公尺，土质沙多泥少，第4口门所筑堤工，长130公尺，阔4公尺，料用大号青砖，并将青砖每40块先用铅丝网扎缚，然后垒砌成堤，其内外坡面皆护以沙袋，第3口门现正堵筑，即职奉命勘察之所也。该口门分东西两坝，东坝长约310公尺，该坝又划分东西两段，东段系土堤，长160公尺，阔12公尺，土质沙多而泥少；其西段名为东坝副翼，长150公尺，阔6公尺，西坝长160公尺，阔6公尺，料用柳石相间，垒层筑成。该项堵口筑坝方法，系于东西两坝相对之各一端，系结大帆船三只作TT字形，掩护水口龙头，并用粗铅丝结网，随船身铺下，先铺以柳卷，再压以砖石，更以铅丝网包之，使成为一体，并于上游预抛大铁锚，将所作工程，结连其上，以资巩固，而免松散。现正由口门两端向中修进，所余水口，阔25公尺，深9公尺，上下游水位差约4公寸，每秒流速，几达4公尺，大溜直向该口顶冲。现在工程正当紧急关头，惟因缺乏柳枝石料，一时尚难合龙，但在石料未运到以前，拟暂用柳卷裹砖，抛护河底，以防刷深。

三、引河工程

查该处原拟挖浚引河4道，第1与第2引河工程均于民国22年12月间完成，第3引河工程于本年1月间完成。第1引河通流后，不久即被淤废，而第2与第3引河，亦复迭经变迁，今已连二为一，第4引河工程大部分业已完成，惟尚未通流。按原定开挖计划，第3引河，河底宽度为5公尺，两岸坡度为1与5之比，纵剖面坡度为1与2000之比；第4引河，河底阔度亦5公尺，两岸坡度为1与5之比，纵剖面坡度为1与5000之比。该引河底土质均属流砂，开挖不易，现尚待继续挖深1公尺半，始达原定计划之纵剖面坡度线，自正河西岸第3引河上游修筑柳坝6道以束洪流后，正河东岸日见倒塌，而该引河大部分亦已冲刷殆尽矣。

四、第3口门及各引河流量

当第1、第2、第4口门堵闭时，第1、第2及第3口门亦相继开挖，而第3口门下游及各引河流速与流量，迭经施测，藉以明了黄河在冯楼上游分流情形。据2月12日施测结果，第2引河流量每秒为

61.5 立方公尺；第 3 引河流量每秒为 58.1 立方公尺，第 3 口门下游流量每秒为 707.8 立方公尺，由此可知黄河水位在大沽零点 65.54 公尺以上时，其流量每秒为 827.45 立方公尺，第 2 及第 3 引河流量占全部 15%，而第 3 口门下游流量则占 85%。自 2 月 14 及 15 两日开凌后全河凌块汹涌异常，将各引河附近滩地，猛烈冲击，遂将滩地上层砂土冲刷约 1 公尺，第 3 引河两岸，亦同时倒塌，2 月 17 日，该引河平均宽度为 160 公尺，现已加阔至 300 余公尺，而每秒流量亦将占全部 10% 矣。

五、河流及两岸变迁情形

黄河流域土质松散，河床变迁靡常，自第 1、第 2、第 4 口门相继堵闭后，冯楼上游大溜渐趋右岸，该岸滩地日见倒塌，后复沿左岸于第 2 及第 3 引河上游，筑柳坝 6 道，藉以束流，该部河床遂完全改道矣。张寨上游，河面辽阔，沙滩密布，河流原分东西两路，凌汛大溜多趋西路，经张寨大湾，绕嘴头，直奔第 3 引河，自开凌后，大溜改趋东路，向第 3 口门宣泄，嗣后第 3 引河，因河流缓滞，颇有渐淤之势，近因右岸日见倒塌，大溜逼近第 3 引河河口，该引河流量遂较前增加，而河床冲刷亦更甚于前矣。至东坝副翼之上游河床，其东部经猛烈之冲刷后，即无甚变化，惟水口处仍继续刷深耳。

六、合龙安全问题

查合龙为堵口工程最要之一部，关系全局，自应汲汲进行，以期早观厥成，但现因运输困难，石料与柳枝异常缺乏，以致工程进行迟缓，如不急谋补救办法，则危机潜伏，一旦崩溃，前功俱废。兹将合龙之前后，应行注意数点，附陈于下：凡流速之缓急与水口之大小成反比例，盖水口愈小，则流速愈大，当冯楼第 3 口门向两端修进时，险象环生，稍有不慎，即将崩溃，故妥筹安全合龙办法，实为当今要图，未合龙前，于水口上游，应先抛石沉柳排，以防刷深，在石料运到之前，姑用青砖每 50 或 60 块，以铅丝网扎缚，于水口处，叠层下沉，外用柳卷包裹，口门上游，预抛大铁锚，将系缚各柳卷之铅索，结连其上，以防松动，同时于堤之上游方面，抛掷石块，以免淘底。下游方面，紧靠堤脚，打桩两排，以资巩固。又第3口门柳坝，颇为单薄，合龙之后，水势猛冲，宜预为之防，上游坝根，亟应抛石保护，以免冲刷。下游应将未用之桩打下，以作为后戗。总之，合龙为堵口工程最难之一部，材料必须齐备，工作尤贵迅速，筹谋妥善，始臻万全。

七、合龙后之透水问题

第3口门合龙后，水位势必抬高，而静水压力愈大，则透水愈多，应将全堤即行闭气，使不透水，以免堤脚刷深，堤身陷落，闭气之法，宜于堤之内坡面，抛置沙袋，高与堤平，并于排桩近堤脚处，用铅丝网掩护，以防沙袋脱漏。

八、修筑防御工程问题

查民国22年黄河大水，冯楼水位高度为68公尺，现第1至第4口门各堤堤顶高度为66.5至65公尺，近日河水逐渐降落，水位平均高度为64.5公尺。前马寨与冯楼附近，地面高度为66.0至66.5公尺。合龙后如水位抬高至67公尺时，前马寨与冯楼地面，势将进水，防御工作自应同时兴修，以免水绕马寨之西或冯楼之东，仍回原溜，直奔石头庄。冯楼上游东岸滩地，日见倒塌，现已逼近黄河故道，自开凌后，漂流引河之冰块，复将第2与第3引河间之滩地上层淤沙，冲刷约1公尺，遂使其平均高度降至65公尺。而冯楼与第2引河间之滩地，其高度亦不过65.5公尺，如水位抬高至66公尺时，大部分河流将漫溢第2与第3引河间之滩地，而流归黄河故道。是故合龙后，水位虽将抬高，其高度如何，固难预测，而前马寨与冯楼一带地势之确切高度，亦无确切测量，是则此等防御工作，不得不预为之计也。

九、合龙时筑坝东流并挑溜入引河

自正河西岸第3引河上游，曾筑柳坝6道，以挑溜后，该引河颇具成效，但河流之趋势，变化无常，近日张寨上游，西路河流，日见缓滞，而大溜偏向东路，直奔第 3 口门。合龙之后，亟应筑坝以挑溜，使其向第 3 与第 4 引河宣泄，则东坝副翼，既可避免大溜之冲击，而第 3 与第 4 引河之河槽，经大溜冲刷后，亦将逐日加阔，足以容纳巨大之流量矣。

十、北岸大堤之加高培厚问题

北岸大堤为数千万生灵财产之屏障，关系綦重，第 3 口门合龙之后，应将大车集至石头庄所有溃口加修完整，以免二次漫决，但黄河为吾国最浊之河流，河床淤高，为河患最大之原因，昔日该堤之临河滩地，较顶低 3 公尺，而背河地面亦低四五公尺，今则内外地面几与堤平，故除修复各溃决口外，应将该堤加高培厚，以资防护，而垂永久。

十一、冀鲁豫三省交界地段河防之重要

冀鲁豫交界之黄河堤工，犬牙相错，管理困难，以致险工特多，水灾频仍，决口时闻。本会既负统筹治理黄河之责，对于被灾各区，固应调查其灾情之轻重，尤应统筹防御计划，实施疏导工程，以苏民困，而兴水利。兹胪举民国以来黄河决口之次数，藉以证明交界地段，险工林立，应加注意，预筹防护。

（一）民国 2 年阴历六月，濮阳北岸决口，刷宽 800 余丈，走溜 8 分，民国 4 年 5 月合龙。

（二）民国 6 年阴历六月，长垣南岸范庄漫口，共宽 200 余丈，8 月小庞庄漫口，宽 80 丈，至 9 月合龙。

（三）民国 10 年阴历七月，长垣南岸皇姑屯漫口，宽 100 余丈，10 月合龙。

（四）民国 10 年阴历七月，利津宫家坝决口。

（五）民国 12 年阴历七月，长垣南岸郭庄漫口，宽六七十丈，10 月合龙。

（六）民国 14 年阴历六月，鄄城南岸李升屯决口，宽 200 余丈，

走溜5分，民国15年3月合龙。黄花寺亦因李升屯改溜决口。

（七）民国15年阴历七月，东明南岸刘庄决口，走溜7分，8月合龙。

（八）民国17年2月，利津棘子刘凌汛决口。

（九）民国18年正月，利津扈家滩凌汛决口。

（十）民国18年阴历七月，濮阳南岸黄庄漫口，宽90余丈，走溜2分，8月合龙。

（十一）民国22年阴历七月，长垣南岸小庞庄漫口，12月合龙。

（十二）民国22年阴历七月，兰封南岸三义寨漫口，12月合龙。

（十三）民国22年阴历七月，考城南岸四明堂漫口，12月合龙。

（十四）民国22年阴历七月，温县北岸漫口，11月修筑。

（十五）民国22年阴历七月，长垣北石头庄决口，尚未合龙。

去年决口凡50余处，大体言之，又归为5处，可见民国以来，漫决之地凡15处，其在三省之交界者，竟至11处之多，而此11处中，决于南岸者9次，北岸者2次，实以鄄城、长垣、东明、考城、兰封等县皆为三省交界之地，就漫溢次数之多，足证堤矮不足御水，就刘庄、李升屯之决口，则见此处工段极险，盖三省河务当局，各限于职权，牵于事实，仅能分工进行，不易通力合作，遂致管理河防，修筑堤坝，均感困难，本会职司治河，允宜统筹全局，将来办理善后工程，似应对于此点，特别注意，以防不虞，而策万全。

注：（1）本文是黄河水利委员会秘书长张含英，会同黄河水灾救济委员会工赈组主任孔祥榕，奉令勘察冯楼堵口工程后向黄河水利委员会呈送的报告。

（2）陶城埠，今名陶城铺。

（3）寿张，旧县名，县治在今山东阳谷县寿张镇，1964年4月撤销，经多次演变，辖区划归今河南台前县和山东阳谷县。

黄河沙量质疑[1]

黄河之大患为泥沙，故古人以“海晏河清”为和平之象征，“正本清源”喻治事之决心，而黄河论者，亦无不言其“善淤善决”。淤与决几不可分，因善淤故善决。是以治理河患，除需控制其洪水外，还必须管制其泥沙，否则控制洪水之工，不久辄仍失效。

黄河携大量泥沙，尤以洪水时期为甚。洪水时期，河水溢出正槽，漫流于两堤间之河滩，因水流速率减缓，泥沙乃逐渐淤淀，淤淀渐多，河床日高，容量渐小，年复一年，迄无停息，历时既久，遂演成地上河道之形势。苟欲保持容量不变，使能长久容泄同量水流，势必随时加培两岸堤身。惟是堤身加高，河仰随之，河益仰，堤愈高，堤愈高，河益仰，于是遂有所谓“黄河水行天上”之说。偶遇溃决，则建瓴而下，一去不返，势使然也，无足怪焉。

河身泥沙松动，易冲易积，于是河槽不定，忽左忽右。黄河无正式河槽，尤无正式深水槽，故不通航，虽帆船行驶，亦感不便。盖以河槽善变，朝夕不同，河岸易坍，难于[2]立足故也。河槽既迁徙而不常，离堤既忽远而忽近，卒近堤身，防范不及，则崩决堤身，奔腾外流。黄河下游如一长蛇，孟津切譬长蛇之尾，河之在孟津不变，犹蛇之钉其尾不动，蛇尾虽不能动，而蛇身恒扭曲辗转，永无静止。迨身着堤而溃，则昂其首于津沽淮泗之间，而莫知所之矣。

总之[3]，淤之为害，在于使河身高昂，在于使河槽善变。换言之，即无由保持泄水之路，则必易招致溃决之灾。是以治理黄河，不能仅专注“河”字，尤须特别顾到“黄”字。

黄河下游泥沙之来源，经多年之观测，已知大部来自绥远[4]托克托以下，据测算，平均年携沙量来自包头者，仅当陕县者12%。就理论推之，亦有相当理由，盖上游之泥沙，皆淤淀于宁夏及绥远平原中矣。

黄河设站观测水流及泥沙者，已有多年历史，而最完备之资料，则在民国23年至26年间。其后抗战军兴，黄河成为国防最前防线，水文站之观测，或竟然停顿，或仅记水位，无复昔日之详密矣。

根据已有记录推算，陕县之全年平均含沙量以重量计，在2%至4%之间。陕县最高记录为民国23年8月，含沙量达38.40%（民国31年又有46%之记录），最低者为0.3%。

若将含沙量之百分数化为泥沙之体积（黄河水利委员会工程师安立森以泥沙之比重为1.45折算），则可求得每秒若干立方公尺泥沙之运行。以之推算，可得黄河各月及全年运输沙量。今以陕县为例，列全年总流量及输沙量，并计算其百分比如下：

年份	全年总流量（立方公尺）	全年输沙量（立方公尺）	输沙量与总流量体积百分比（%）
民国23年	44306738000	949581443	2.14
民国24年	58004000000	1272276288	2.9
民国25年	41246098560	409127328	0.99
民国26年	72305611000	1853629620	2.56

此4年中输沙量之变化颇大，尤以民国25年为甚，以此表平均计算之，每年输沙总量为11亿立方公尺，此即为使河“黄”之主因，亦即为“清源”之目标。

欲事泥沙之管制，不可不先知泥沙之来源，进一步更须明了其数量及运行状况。今之论者，多以为黄河泥沙大都来自托克托、陕县间之田野沟溪，至陕县而集为如此巨大数量，更经陕县以输于下游，终经尾闾而入于大海。人之云云，大率如是，然耶否耶？笔者疑焉。为研究寻求管制之方策，并谋清除兴利之障碍，则不得不于此点先加辨明。此笔者所以主张对于泥沙之运行，应加重研究试验之功夫，以求确切之答案，藉为管制之依据也。今愿就臆度所及，提供意见，容有未当，或亦为促进研究之一助欤？

黄河之输沙量，以7、8、9、10四个月中为最多，占全年之

80%至90%。因各站观测，多着重于此4个月，故取此以为讨论之资。民国23年4个月中，秦厂（平汉桥之上游）与高村（冀鲁交界）输沙量之差为5亿立方公尺。自上表知民国23年之记录颇足代表平均之数字。若此差量全淤积于豫省大堤之间，每百年即可淤高15公尺。今两岸大堤已有600年之久，堤间淤高当可能近于90公尺。察其事实，殊有未验，故此数似觉不可靠。或谓民国23年黄河在高村之上游，亦即高村、秦厂间，曾发生决口，致使一切情形均变为复杂，因之推算亦失其准确性。此说亦或有可能。今更以民国24年为例，是年黄河决口在高村之下游，当于高村之上游无若何影响。而4个月中陕县与高村之输沙量差，仍有4亿立方公尺之巨，其数依然过大。即偶因溃决，致沙流于堤外，堤间之淤高以缓，但揆诸事实，相差仍远。此可疑者一也。

黄河下游冲积大平原约25万平方公里，为黄河淤淀所成。今以每年输沙11亿立方公尺计，平均约230年即淤高1公尺。天津地面120公尺以下已非冲积层，今设大平原平均淤深60公尺，更设古今之冲积情形相若，则此平原之造成仅需1.3万年，岂为事之可能。此亦可为前节之补充说明。此可疑者二也。

利津（山东河口）于民国23年4个月中之输沙量为8亿立方公尺，若此量尽输诸海，则海洋每年应退出陆地2.5公里，亦不近事实。民国24年输沙量为3.4亿立方公尺，亦似较高。地质学家称，渤海岸有向下倾陷之象，当属可能。但利津为古千乘，亦有史据可考，海退迟速亦可估计。此可疑者三也。

民国23年及24年黄河皆有决口，而居于海口附近之利津输沙量于2年中竟有如此之差别，不无问题。又自上表见民国25年及26年陕县输沙量亦有甚大差别。良以大水之期，流量及含沙量之观测极为困难，山洪暴发，更易引起漩流，增加局部之冲刷，旋起旋落。又以船难渡河，采取水样自亦困难。大水时既占极重要之分量，设观测稍欠均匀，即足影响全局。此可疑者四也。

黄河最大含沙量达46%，此为沙重与水和沙重之比。所可注意者，分母为水与沙之和，若沙与水二者之重量单独相比，又为如何。

设在支流或沟渠中，如此高率，自属可能，今以 20000 秒立方公尺之洪流，携此大量泥沙以俱下，似[5]难置信。此可疑者五也。

是以，若每年有 11 亿立方公尺之泥沙，自田亩沟壑经陕县而运送于下游，自属可疑。或曰：此独不可能乎？曰：容或能之，应分其来源。

设观测完全准确，陕县大量之泥沙来源有二：一为田亩沟壑，因雨水径流冲蚀而来；一为黄河坍岸，因河槽水流局部变化冲蚀而来。笔者虽不敢作定量之臆度，但后者必占一极大数量，试论之如次：

黄河河槽之变动，实难捉摸，今以潼关为例，民国 24 年 12 月 30 日，在海拔 321 公尺以下之河槽，横断面为 150 平方公尺，其年 9 月 3 日，为 1200 平方公尺，竟当前者 8 倍。但水过后旋即淤淀，设无冲积，河槽横断面不应有增减也。陕县河槽较为固定，海拔 292 公尺以下之横断面，亦可增大 1 倍。他处将河槽冲积深 6 公尺者，亦不鲜见。此等冲积，仅为局部现象，亦冲积河道之所常有，冲于此者，旋即淤于下游不远之较静水流之处。最近更经美国水道试验所证明，其行程如是。换言之，在冲积河道上，坍岸泥沙之运输，仅呈局部现象，盖以水携沙力有限，遇缓即停也。故所测之含沙量，必包括一部分局部坍岸泥沙，此其一。

黄河泥沙水样多取于河岸附近，大水时，因无法渡河，难及中流。黄河土质既易冲刷，而河槽又不规律，最能促使水流紊乱，因而大量冲刷。是临岸之水样必多坍岸土质，难以代表平均数值，此其二。

米苏里河[6]亦为含沙量最多河道，为密西西比河上游之一大支流，每年输入密西西比河之泥沙，约在 2 亿至 4 亿立方码。但据估计，该河流经米苏里州[7]内之坍岸量，即可当上数之 2 倍。又密西西比河输海之沙量，每年为 4 亿立方码，而开罗[8]至党纳尔逊威尔间，全年之坍岸可达 9 亿立方码。黄河尚少此种统计，仅知经过某地之输沙量为若干，其中必有一部非来自该地较远之上游，亦非送至该地较远之下游，纯为局部之冲积。含沙量之观测，仅记载流经该地之泥沙，不研究冲积，故不知泥沙之运行。是以不能只凭该地记录，断定其来源及归宿，此其三。

根据以上两项讨论，吾人似可断定，每年流经陕县 11 亿立方公尺之泥沙，并非全输自田野沟壑，亦非全输诸渤海及大平原。但其数值究为若干，目前推测，似嫌武断，既有臆度，亦恐误差颇大，但为得一概念计，笔者于 8 年前所编之《黄河水患之控制》书中有一段结论："约略估计，每年淤淀于孟津以下之泥沙，可一万万立方公尺，输入于海者，亦一万万立方公尺，合计之为二万万立方公尺。此即上游黄土层中之土壤每年输送于下游者，平均计之，约当陕县输沙量百分之十五也。"此为根据平原之淤淀与海岸之推进所测度之结论，本欲引起社会上之研究与讨论，但未能得到反应或共鸣，更少进一步之研究，故今愿重新提出。

长安荆峪沟有土壤冲刷试验，为期仅 1 年，自未可引以为据，然亦不无可参考处。民国 34 年试验土壤流失之结果，全年冲蚀地面平均深度为 0.815 公厘，据报告称，该年雨量及其他环境，颇可代表普通现象。今以此数为准，施诸郑县[(9)]以上全域 75 万平方公里，亦不过供给 6 亿余立方公尺之土壤，况全域不能冲蚀之地面必占其一部，而托克托以上流域约 40 万平方公里之雨量较少，且大部冲刷停淤宁绥平原，例如民国 23 年包头 4 个月之输沙量，仅当陕县者 12%，24 年者当 13% 是也。又以荆峪沟为黄河之第 5 级河流，所携泥沙可能沉淀于浐河、灞河及渭河谷者又一部。如此折合计算，陕县输沙量由各田野沟壑而来者，恐不过 3 亿立方公尺，亦或即为全年下行之泥沙数量。

此两种估计，皆为根据不充足之资料，今姑以后者为准，仅当 11 亿立方公尺之 27%。吾人治河，无论为防洪，为兴利，每主张于中游设拦洪库或蓄水库，曾因淤淀而估计其有效年龄。若以记录为根据而估计者，今可延其寿命之 2 倍。换言之，以陕县之记录为根据，估其寿命为 10 年者，今可延至 30 年，更大之水库，估计寿命为 40 年者，今可延至百年。

无论笔者估计之精确度如何，其不可以已有之记录为计算之依据，则至属显然。此笔者所以郑重提请对于黄河泥沙之研究应加速进行者也。

既知泥沙之来源，即可谋管制之方策，为治理下游计，可先注意中游托克托至孟津间一段。约略言之，可分三区：一为渭河区，包括渭洛泾及其他流域；二为托潼区，包括托克托以下至潼关间之各河流及其流域；三为潼孟区，包括晋豫间各支流及其流域。于田亩荒野，应从事土地之善用，保土节水，此事不特关系治河，且与农业有密切关系。于沟壑荒溪，应兴修拦沙坝，防沙入河，并善用沟壑；后者与治河有直接关系，专就治河言，尤为重要。此二者正所谓“清源”之策，虽为国人所注意，然尚无大发展。犹如造林，虽尽人知之，奈无成绩何。

托克托以上之黄土原仍多，亦待同法处理，前仅专就解除下游水患言之耳。

流域之工作，仅能减少泥沙之一部，故又须从护岸着手。护岸即所以巩固河槽，河槽巩固，则本身少冲积之象，所谓“善淤”之病，即可解决大半。

昔者，潘季驯主张束水攻沙之说，实为中肯之论，惜乎护岸之工未曾讲求，仍随处可冲，亦随处可淤，冲淤一生，则攻沙之效失矣。吴大徵仅有护滩之论，亦未见诸实行。

藉流域之管理，以清其源，河之巩固，以祛其淤，虽难得绝对之效果，必可收相对之利益。来源既减，河道复固，仅有之少量泥沙，更可尽量使之输诸大海。管制如此，庶不复为患矣。

注：（1）本文发表时，作者时任中央设计局专门委员一职。
（2）此处原文为空格，似应为“于”。
（3）此处原文为空格，似应为“之”。
（4）绥远，旧省名，1954年6月撤销，辖区在今内蒙古自治区境内。
（5）此处原文不清，似应为“似”。
（6）米苏里河，下文中亦有提及，即“Missouri River”，今译为密苏里河。
（7）米苏里州，今译密苏里州。
（8）开罗，英文名Cairo，后文中亦译为开义罗。
（9）郑县，旧县名，1952年10月撤销，辖区在今河南郑州市境内。

黄河水利委员会成立一年来的工作(1)

本会自去年9月1日成立，迄至今日，适为一周年。这一年来的工作，都是本会同仁作的，各同仁都能知之，毋庸详细地报告，所以今天只提纲分类，总括叙述，作个统计的报告。按本会的职掌，依照组织法第一条的规定是："黄河水利委员会直隶于国民政府，掌理黄河及渭洛等支流一切兴利防患之施工事务。"又按中政会的决议案是："自民国二十二年七月份由财政部每月拨发经费六万元，为测量、设计、调查及办公费之需，又河北山东河南三省河务局受黄河水利委员会之指导监督，照旧负各该省河防之责。"由这两条，很显然地看出本会职掌的范围，所以本会的工作，就依照这个范围去作。现在且从经费方面说起：

一、开办费、事业费及经常费

本会的开办费，经中央政治会议决议定为10万元。而实领到的数目仅4万元，尚差6万元，所以实际开支，不敷甚巨。幸而去年7、8两月在筹备期间，开支较少，节余下5万余元，本会遂经呈准，将这项款列入开办费内，以补不足。至于开办费如何用的，就是购买仪器，前后共用4万余元，试验设备费3万余元，修建会所、购置车辆及其他用具等2万余元，这是开办费的开支情形。

至于事业费一节，本会于去年8月奉国民政府令，召集防汛会议，并办理堵口工程。当即由行政院决议将前经决定发交扬子江防汛会之60万内，未付之款50万元拨交本会应用，但当时只领5万元，其余之45万元始终未曾领到。至9月间，黄河水灾救济委员会成立以后负责办理堵口工作。到了10月间，本会便将堵口工事移交黄河水灾救济委员会办理，而着手于善后工程计划的进行。因河槽堤坝，残破不堪，整理大费手续，遂拟定以1400万元为办理善后工程的经费，并拟具筹款办法三条，分别征得冀鲁豫三省政府及导淮、华北各委员会的同意，后由黄河水灾救济委员会转呈中央核准，嗣经奉令善后工程由黄河水灾救济委员会督同各省办理，本会负技术设计之责。于是各省就筹款办法中的一条，以收入作抵，筹集款项。而冀豫两省并已筹得款项，开始动工了。本会除负善后工程技术设计之外，又拟办本年度防汛事宜。并呈行政院请先拨防汛费 30 万元，虽蒙饬交财政部核拨，但迄未领到。又曾呈请列入事业费每年 100 万元，亦未蒙核准。这是关于事业费的大概情形。

本会的经常费，中央政治会议议决的原是每月 6 万元。但自去年 7 月份起，只按半数发给，即月领 3 万元。经常费的开支，只有按照颁布之组织法及核准的预算办理。自本年 3 月以后，即渐已感觉不足。6 月份的开支薪工共支出 21936. 59 元，占全数 1/3 强，其余的大部是用作测量旅费及购置等费。以上薪工数内除委员长、副委员长、总务处长、副总工程师之薪俸外，余数为 18936. 59 元，而总务处的开支仅 3265 元，只当全数 1/6 弱。由此可以看出，本会在事务方面，力求紧缩，而在技术方面，尽量扩充。次再说技术方面的工作。

二、民国 22 年堵口工程

民国 22 年 8 月 12 日冀豫两省黄河决口，本会奉令堵塞，立即派员主持下游堤防，并于 16 日派员视察，旋于 18 日奉令召集陕豫冀鲁皖苏六省黄河防汛会议，筹议防汛事宜。其时本会尚在筹备期间，人员未齐，奉令之后，深以人民灾情惨重，待救甚殷，乃调借各机关技术人员立即出发决口地点，开始工作。分就冀鲁豫设立三区工程处，董理其事。及至 9 月下旬，黄河水灾救济委员会就有接收办理的意思，到 10 月初便移交了。并将拟就的冀鲁豫三省黄河两堤堵口工程计划及测量图表、报告书等也一并移交黄河水灾救济委员会接收。虽然仅一月有余的时间，但工作不无可观，并且立下堵口工程的基础。

三、黄河善后工程

自民国 22 年大水以后，本会深觉到关于河工应该作的事太多了。

虽然大都是防汛事项，应由各省负责办理，但这样大的工程，若没有一个机关统筹计划，提倡联络，恐怕不易举办。于是本会即派员调查估计，所有堤之加高培厚，修复补充，河槽之整治刷深，以及河口、上游整治工作等事项，共计需款1400万元，本会一面派员测量（测量工作见后），一面拟定筹款办法三条，分别与中央、地方接洽办理。其后虽然河南只筹到200万元，河北100万元，山东仍用常年修厢费30万元，未能达到预期的数目，但比往年多得多了。同时，本会担任技术设计的事宜，拟定冀鲁豫三省黄河第一期善后工程计划纲要及图表分发各省河务局遵照办理。冀豫两省并由本会调借工务人员协助。本会一面又派员前往分别视察指导。统计此项工作自民国22年10月起至本年7月止，本会都有一部分人员在那里负责专力于此。

四、测量工作

本会测量工作是自民国22年10月开始的。原组织两大队，第1队自郑州向上测量地形，第2队向下测量。以后因为善后工作的关系，又增设第3队，合同第2队测量郑州、济南间的堤工。此外，又于本年5月间，与北平地质调查所合作组织上游测量队，自兰州起始。6月中旬，堤工测量完竣，即将第3队测量人员分发各水文站。7月间，又因地形测量不易进行，特将第1测量队人员抽调一部分组织精密水准一队，自平汉路沿线之新乡开始施测。本会的水文站在黄河本流者，计有10处，即兰州、包头、龙门、潼关、陕州、秦厂、高村、陶城埠、泺口、利津。在支流者共有5处，即河津、咸阳、太寅、木栾店、巩县。此外，又有水位站6处，雨量站150余处。按6月份薪金的开支，测量人员及夫工在野外工作者为7073.71元，旅费尚不在内，在室内作业者如担任绘图计算人员亦不在内。所以，这一部分的工作，几乎占本会的一半。为便利起见，将野外作业统计列一个表较为清楚。先就第1测量队说，只将导线、水准及校对水准、地形（万分之一）、河断四项而言，而堤断面、测量及设立基点、测站等暂且不计。第1队自民国22年10月起筹备，11月开始，至本年7月止（8月份报告尚未到），这8个月中，所作成绩如下：

导线　共 362.9 公里，平均每月 45.36 公里
水准及校对水准　共 355.3 公里，平均每月 44.4 公里
地形　共 1392.9 方公里(2)，平均每月 174.1 方公里
河断面　共 256 处，平均每月 32 处

第 1 测量队的预算，每月约 4400 元。其效率的大小，就此可以作一个比较观。

第 2 测量队于去年 11 月间担任测量地形，12 月又担任测量堤岸。本年 4 月 14 日竣事。至 20 日改测高村地形，至 6 月测三义寨地形，7 月测黑岗口地形，此三处地形，自然因屡经迁移的关系，工作受到影响不少。现在将该队所作的成绩列下：

导线　共 768.41 公里，每月平均 170.75 公里
水准及校对水准　共 769.82 公里，每月平均 171.07 公里
堤断面　共 2950 处，每月平均 656 处弱

自本年 4 月 20 日至 7 月三处地形测量成绩如下：

导线　共 177.88 公里，每月平均 50.80 公里
水准及校对水准　共 183.53 公里，每月平均 52.44 公里
地形　共 524 方公里，每月平均 149.71 方公里

第 3 测量队自去年 12 月起，测量堤岸，至本年 4 月 17 日完竣，又改往黄花寺测量地形，因迁移之间，费去 10 日至 29 日始能工作，兹将其工作成绩列下：

导线　共 534.9 公里，平均每月 118.9 公里
水准及校对水准　共 572.1 公里，每月平均 127.1 公里
堤断面　共 2061 处，每月平均 436 处弱

第 3 测量队于黄花寺测量时，即将一部分人员调往水文站服务。完工后，复全部分调往各水文站去。第 2 队每月预算约 4200 元，第 3 测量队约 4000 元。自然室内作业的不在内，以上所述不过略举几个数目来表示测量的工作而已。

今再说到水文站，自本会成立后，即逐渐增设。至本年 6 月，因大汛将至，遂将第 3 测量队人员分发各处成立水文站，或充实其内容，现在为便于明了起见，将 6、7 两月的工作情形，也列一个表如

下（因为水文站之交通不便，各站每月报告尚未到齐。又因水位及蒸发量是每天一次的，雨量亦是按时登载的，所以表中只记施测流量次数及含沙量次数两项）：

站名	河系	6月施测次数		7月施测次数		备考
		流量	含沙量	流量	含沙量	
皋兰	黄河			2次		7月18日设立
包头	黄河	4次	6次			7月份工作报告未到 6月14日设立
龙门	黄河	2次	8次			7月份工作报告未到 6月12日设立
河津	汾河	1次	9次			7月份工作报告未到 6月20日设立
太寅	渭河	12次	28次	10次	31次	
咸阳	渭河	13次	30次	14次	31次	
潼关	黄河	9次	30次	11次	32次	
陕县	黄河	7次	30次	10次	62次	
巩县	洛河			3次	2次	7月19日设立
木栾店	沁河			7次	16次	7月16日设立
秦厂	黄河	4次	24次	8次	31次	
高村	黄河	8次	30次	12次	31次	
陶城埠	黄河	5次	10次	9次	31次	
泺口	黄河	8次	30次	10次	31次	
利津	黄河	2次	11次	10次	30次	6月16日设立

关于报汛的办法，本会也有严密的规定，各同仁均已知道，毋庸再说。

五、调查工作

调查和测量，有时是分不开的。本会历次的视察，多有特种之使命。例如，需要某项设计材料，便有某项调查。至于所勘查下游三省黄河报告、踏勘黄河海口情形报告、勘查渭河报告及勘查宝鸡峡建筑水库地址报告等，不过是其中的一小部分。5 月间又派专员调查各支流的地理及地质情形，自泾、渭二河始，现正在工作中。

六、设计与研究

设计工作是抽象的，它的价值是不能用数量来估计的，所以设计的成绩是很难表现的。优良设计当然是不但在金钱上经济，而且在效能上亦特别显著。但是这种优点，必要详细研究，方能得来。在普通人看着也不过是几张图一卷书而已，而其实这点东西并不能以等闲视之。这是就质上说，至于量的方面，亦难以节目多寡来评判成绩的优劣。记得曾有人说："某机关办一件稿，按支出经费计算，需要三十元。"这虽然说是该机关不经济，但若纯粹以金钱为标准，以件数为根据，恐怕不是统计上的最好指数。设计与办稿又不可同日而语，更不能以此来衡量它。但是，为明了本会设计工作内容起见，我可以大略举几条于下，而在以前各节范围内的不赘列。

（一）拟订黄河水利委员会工作纲要；
（二）推算陕县黄河糙率及流量；
（三）编拟整理海口计划纲要；
（四）研究黄河河床变迁；
（五）设计黄河抛砖护堤计划；
（六）草拟巩固黄河南岸概算；
（七）草拟黄河尾闾计划实施办法；
（八）计算黄河洪水周期；
（九）研究历年流量断面水面关系；
（十）研究黄河含沙量；
（十一）拟订潼关护岸工程计划及估计；

（十二）计划平汉路桥间护岸办法；

（十三）计划保护平汉路桥办法；

（十四）研究各方所送治河意见；

（十五）拟订黄河流域土壤冲刷制止办法；

（十六）研究黄河河道变迁；

（十七）研究黄河最大洪水量；

（十八）拟进行黄河治本的探讨；

（十九）拟订苗圃及造林计划；

（二十）做黄河试验。

说到黄河试验，关于此节，本会一面与德国恩格斯教授接洽，并派员试验，一面与国内各水利机关合组中国第一水工试验所，设于天津，现在已经动工。并由本会开办费项下呈准协助 3 万元。

七、河防工程

因为本会经费只能领到原定数目的一半，所以对于河防工作，迄未能按照预定计划施行。但本会已尽现有力量之所能，节节推行。如大汛时期，于下游三省分别令派高级工程人员前往协助防汛，严定报汛办法，令上游各处水文站每日都得有直接报告或间接报告。架设电杆联络冀鲁豫三省电话，并添设无线电台。这在防汛上都有极大的协助。其他还有正在进行之中的，例如：

（一）拟订防汛规则 11 种；

（二）拟订河工图说（用以训练河工人员）；

（三）拟订河兵须知；

（四）拟订民众防汛训练办法；

（五）编订河工名词；

（六）草拟公路联络计划；

（七）草拟黄河修防自给办法；

（八）草拟巡河办法；

（九）研究三省河防工程。

实在说起来，防汛方面的工作应该补充，但本会限于经费，很是困难。

八、导渭工程

关于导渭工程，曾筹到10万元的经费，于是本会乃组织导渭工程处办理此事。现在所作的工作，已属不少。如宝鸡峡蓄水库之测量、查勘、设计，同时并用飞机施测西安、潼关渭河的地形，这不过是顺便举几点，其他还有，姑不详述。

九、事务方面

本会是技术机关，但所有的事务与技术是分不开的。如办理两次大会，每次提案都有八九十件，会前会后，都很忙碌，实在难分是技术的或是事务的。差不多每项中都有事务的成分在内。因为各项工作是由若干成分凑合到一块的，所以很难加以清楚的界定。我们不妨把事务方面的工作略述一二，也见事务方面的人员是同样的忙碌，丝毫不敢懈怠的。事务方面可分三部来说：（一）文书；（二）会计；（三）事务。文书方面，除办理日常公文外，如编订大会议程、记录议事、整理决议案、编译刊物、管理图书及人事登记与铨叙等，终日是很忙的。会计方面，人数甚少，只有5人，而本会的会计事情，又特别繁杂，亦是忙个不了。事务方面，亦是仅有5人，除有特别事项须奉派出差外，其余的一切购置琐碎事情，均是他们办理，也是须臾不闲。

以上是本会成立一年以来工作的大概状况。在这一年之间，一切事业都是初创，既无现成的规律可以奉行，又无旧有的习惯可资沿循，所以在此时期，特别烦难，各同仁也特别辛苦。但自此以后，一切的事情都有了基础了，当更顺利些，所以我希望第二次周年纪念的时候，我们的工作要比现在加倍又加倍才好。

注：（1）本文是黄河水利委员会秘书长张含英在黄河水利委员会成立一周年纪念大会上所作的工作报告。

（2）方公里，即平方公里之谓，下同。

黄河之迷信[1]

神道设教，历代沿之。尤于人力不克治理时，神灵能操纵命运之一切。大禹治水，尊之为神，盖以其工程浩大，多疑神助。科学渐明，略窥宇宙之秘密，于是神之势力亦渐减少。然此就一般有知识者言之，愚夫愚妇，犹深信之。黄水滔天，骇人听闻。其来也，难以阻止；其过也，房屋丘墟，生命财产尽付东流。其畏惧黄河之心，胜过宇宙之一切。如是则不得不有所信仰，以资寄托。是故大河南北，虽妇孺尽能详道“大王”之神明，与“将军”之灵验也。

在上者亦利用此等心理催眠民众，往往有奇效。例如有一迷信，即“大王”出现，则不致决口；决口复出现则必可堵上，实为催眠之良剂。若险象环生之时，洪水汹涌，势如山崩，黄浆东流，风雨交加，民夫抢护，不能见效。其时心必涣散，多虑及生命财产不能保，亲族朋友不相见，其心惴惴，意志衰颓。惟有坐以待毙，痛天由命而已。如有“大王”出现，则为信仰之驱使，精神奋发，工作增倍，而险可守。实人力胜天，非神力也。然亦有因迷信而偾事者。如民国14年李升屯之决口。当李升屯紧急之时，于绝望之中，不得不演戏剧，以乞媚神灵，幸而“大王”驾临，群相庆贺，谓神必助矣。率相参加此庆祝欢欣之大典，置工程于不顾。南岸大堤即于此鼓乐喧天声中，决口而南流矣。

似此迷信异端，无足述者。却又不然。吾人办理治河工程，所与处者沿河居民，所役使者河勇丁兵。若不明其信仰，难以驾御调遣，不与之接近，必多阻碍隔阂，办理困难，纠葛丛生。因忆及沿黄视察时，抵河南孟县，夜宿河防汛中，与论及此事，曾述“大王”显灵之故事，谓河南某河出险（忘记其为惠济或贾鲁），人民抢护，中央派工程师二人监督之。忽“大王”出，皆相庆幸，惟二人则坚持不可信，与民力争，甚之以刀截之。而民大哗，决口亦随之矣。其决口之原因至明，或因洪水过大，势难治止；或因人心涣散，防护不周；甚或因土豪为坚其信仰，故意挑之。若为后二者，则处理不当，亦属显然。故对于沿河风俗人情，不可不察也。教育普及，迷信自可铲除，在此过渡时代，有志治河者，对于“黄河之迷信”不可不略知之。且读此亦可知历代治黄史之梗概矣。故乐为介绍。

编者虽沿河居住甚久，恨未曾一见所谓“大王”、“将军”之化身，实为憾事。据河工之有识者言，或为堤中小蛇，因气候之变迁，为蚁聚而雨之例，因时外出；或因河水涨其穴，迁逃堤外，人民衍蛇为龙，龙治水之迷信，牵强附会，以完其说，似近情理。

过河南时，承河务局长陈慰儒赠李鹤年篇《河大王将军纪略》及《河大王将军画像》各一册。因此，书所存不多，今采述之。甚望亲见“有灵验”者，能举其反证证明，加以科学之解释，而究正之，有裨治河非浅鲜也。

古称河神为冯夷，已不可考。彼今之所祀者，有“大王”六，“将军”六十五。类皆有功河道之人，死而受各代之敕封者。

金龙四大王 姓谢名绪，宋会稽诸生，晋谢安之裔。明太祖封为金龙四大王。天启加封为“护国济运龙王，通济元帅”。清顺治特封为“显佑，通济，昭灵，效顺黄河金龙四大王”。后又敕加利安、惠孚、普运、护国、孚泽、绥疆、敷仁、保康、赞翊、宣诚、灵感、辅化、襄猷、溥清、德庇、溥佑等封号。

谢绪弟兄四人，彼最少。居钱塘之安溪，后隐金龙山。素有壮志。知宋鼎将移，每慷慨愤激。甲戌秋8月大雨，天目山颓。绪会众泣曰：天目乃临安之镇，苕水长流，昔人称为龙飞凤舞，今颓，宋其危乎？未几宋鼎移。绪昼夜泣语其徒曰：吾将以死报国。其徒泣曰：先生之志果难挽矣，殁而不泯，得伸素志，将何以为验？曰：异日黄河北流是予遂志之日也。遂赴水死。时水势高丈余，汹涛若怒，人咸异之。寻得其尸葬金龙之麓，立祠于旁。“金龙”其葬地也，“四”其行列也。其后相传于元末，明太祖战于吕梁，元师顺流而下，明师将溃时，忽见空中有神披甲执鞭，驾涛涌浪，河忽北流，遏截敌舟，震动颠撼，旌旗闪烁，阴相协助，元师大败，太祖异之。是夜梦一儒生披帏语曰：余有宋，会稽，谢绪也。宋亡赴水死，行间相助，用纾宿愤。太祖嘉其忠义，因封之。其后屡著灵异于江、淮、河、汉四渎之间。

相传其化身为绿色黑纹金花之蛇，头黑色，头后有一角，长约25公分。

由上观之，谢绪为一忠义死节之士明矣。人民惜之，而起同情，如纪念屈原、介之推者然，因而牵强附会，造出许多神异故事。

黄大王 姓黄，名守才，字英杰，号对泉。河南偃师县人。乾隆三年敕封“灵佑襄济大王”。后又敕加显惠、赞顺、护国、普利、昭应、孚泽、绥靖、溥化、保民、诚感等封号。

关于黄氏之故事，相传其幼时颇多异迹，例如坠井中，而能坐水面上；入河而衣襦不濡；乘鹤登山；河阻沙船不能引，彼能起风退沙；天旱泉竭，彼能指地开取泉水；伊洛交溢，用手一指河水立退；商人失金河中，彼能指示失处等。至年42岁，封丘金龙口溃，水北流粮道淤塞，工部侍郎周堪赓治之费金钱10万无补，亲身赴偃师敦请，黄至使人持柳条数支插决口，3日后水归故道，粮道遂通。又传于顺治二年金龙口冲开（是否与前次同时待考），请黄求策，至则令点河夫，内有一人名党住者，黄留之曰，是人将为神命，送百金于其家。卷党住于埽中入水。少顷见一蓝手如箕出水面，官民怖恐，请黄视之，叱曰封汝将军之职，随班侍直。手即隐，堤工告成。顺治八年，杞县大旱，吏民赴偃敦请，黄至沐手焚祝，倾刻甘霖大沛，县人特为建庙，诸如以上神话不一而足，黄生于万历三十一年十二月十四日，卒于康熙二年十二月十四日，寿62岁，卒后屡显灵佑。

相传其化身为黄色，黑鳞纹，红斑之蛇，头亦黄，惟两旁为黑，身长22公分。

黄守才之史料大概只有上述可考。真伪读者自然能明辨之。

朱大王 姓朱，名之锡，字孟九，号梅麓。浙江义乌县人。系顺治三年进士，历官兵部尚书，都察院右副都御史，晋阶太子少保。顺治十四年任河道总督。凡修守运河堤岸，夫役，工程一一条奏报可。顺治十七年以母丧当离任，朝议以河务重要，亟须经理，乃给假俾治丧，旋即起复。在河南总督任开董家新河，复太行老堤，挑高邮运道，治石香炉决口。皆相度机宜，顺水之性，妥协经营，故能迅速蒇事。著有《河防疏略》可考其功之著于豫省者。顺治十四年决祥符槐疙瘩，又决陈留孟家埠。顺治十五年决阳武慕家楼。顺治十七年决陈留郭家埠，又决虞城卢家口。无不克期堵筑，不劳不伤。其见于两河利害等疏，如工程则有：工力不到，法或非宜，料物虚浮，徒事粉饰；器具则有：储备不豫，徒手莫施，制作草率，不堪适用；伕子则有：扣克工食，奸豪包占，卖富签贫，贿鬻私逃；物料则有：交修勒措，扣减价值，折乾肥私，盗用官物。于官蚀役蠹积弊，如火之烛影，鉴之取形。又曰：非淡泊无以耐风雨之劳，非精细无以察防护之理，非慈断无以应仓促之机。又云：刑名钱谷，皆以文移办法。独河工非足到眼到不能，又数年以劳瘁殁于任。

据上所述，朱之锡乃一治河之能臣也。想系人民感戴其功德，故尔演出许多殁后之神话。相传康熙庚戌，毗邻太史吴珂鸣字耕方者，过池洲青谿镇，见有新建河神庙，攘题楹桷，美轮美奂。入礼之，见神像六尊。其五位相貌威严衣冠古制，乃封号之显著者，皆所素悉，惟第六神像，位号犹生，衣履冠服皆从今制。心窃讶之，未得识也。乃进庙祝而询之。祝曰：神之所命也。去岁有巫降于此，自言我总河朱某也，奉上帝敕命督理江河，宜庙食兹土。里人询巫何所征信？神言今江滨舟中有余同年二人，可邀来。访之果然，乃亟请二人至庙，与神面叙生平交谊，历历不爽，皆人所不知之语，二人信为不诬，哭拜而去。此后每有祈祷，无不响应。例如，乾隆四十五年仪封漫口，朱显灵指示，得以告竣。特旨敕封助顺永宁侯，后又敕加佑安、广济、显应、绥靖、昭感、护国、孚惠、灵庇、助顺等封号。

相传其化身为白红相间之条纹，上有黑点，腹为青色，亦有黑点，头为黑底红花之蛇，身长约36公分。

栗大王 姓栗，名毓美，字友梅。山西源州人。嘉庆六年以拔贡生官河南知县。遇灾年，放税赈谷，以实惠民，不以上官意为损益，迁光州知州，汝宁府知府，徙开封，历河南粮储道，开归陈许道，迁湖北按察使，河南布政使。道光十五年授东河总督。栗前知武陟县黄沁堤马营坝工，皆亲与其役。及是益勤。询河兵官久于河者，以地势水脉，及前任行事之当否。栗为用砖护岸施用于黄河之第一人。于武陟坝泽，抛砖成坝，40余昼夜，成砖坝60余所。坝甫成，而风雨大至，支河首尾皆决开数十丈，而堤不伤。栗由是知砖之可用。又试之原阳越堤，及拦黄坝，暨南岸之黑冈皆效。遂奏请减买秸石银，兼备砖价。计千砖为一方，方价六两。是后每有工役，碎石及秸埽用大减。数年间，省官银百三十余万，而工益坚。当时虽有誉之者，而持异议者亦多。且有“糜费罪小，节费罪大”之谤。盖当时办河工者，多利其决口也。栗先后奏曰：护堤之方率用秸埽，然埽能压激水势，附啮堤根，又易朽腐。至碎石坦坡惟巩县、济源产石较近，而采运已艰。河工失事多在无工处所。千里长堤，势不能尽为筹备，而河势变迁不常，冲非所防，遂为决口。砖则沿河民窑，终岁烧造，随地取给，不误事机。且砖及碎石皆以方计，而石多嵌空，砖则平实。每方石五六千斤，而砖重多1/3。一方石价可购砖两方，而抛砖一方当石两方之用。其质滞于石，故入水不移，坚于秸，故入水不腐。又土不能筑坝水中，砖则能。水中抛坝即荡成坝坡，亦能缓受急冲，化险为夷。或谓砖又保将生未生之工，不能用于已生之后。然使将生可保，即别无可生之工。昔衡工之决，因滩陷，埽不能施。马营坝之决，因补堤不能得碎石。使知用埽不为抛砖。收砖易于运石，则数千万之官银可省。

栗用此法屡诏褒赏，终其任五年，河不为患。其后若靳文襄、张文瑞、张清恪、陈恪勤、稽文敏、张悫敬、黎襄勤诸人，皆有名绩。然修筑率成旧法。易秸石以砖，自栗始。道光二十年卒于位。上闻轸悼，赠太子太保，赐祭葬，予谥恭勤。栗即卒，吏民思之不置，乃立庙祀之，敕封为诚孚、显佑、威显大王。

栗毓美一能臣也，以其有功，故立庙祀之。传其化身为豆绿色，有菱形黑线纹，背有黑花，头黑色，有绿花，口部红色之蛇，身长约16公分。

宋大王 姓宋，名礼，字大本。河南永宁人。光绪五年封为显应大王。明洪武中，以国子生擢山西按察司佥事，左迁户部主事。建文初荐授按察司佥事，复坐事左迁刑部员外郎。成祖即位命署礼部事，以敏练擢礼部侍郎。永乐二年拜工部尚书。尝请山东屯田牛种，又请犯罪无力准工者，徙北京为民，并报可。永乐七年丁母忧，诏留视事。永乐九年命开会通河。会通河者，元至元中，以寿张尹韩仲晖言，自东平安民山凿河至临清引汶，绝济属之卫河，为转漕道，名曰会通。然岸狭水浅，不任重载。故终元世，海运为多。明初输饷辽东，北平亦专用海运。洪武二十四年，河决原武绝安山湖，会通遂淤。永乐初，建北京河海兼运，海运险远，多失亡。而河运则由江、淮，达阳武，发山西、河南丁夫，陆挽百七十里，入卫河。历八递运所，民苦其劳。至是济宁州同知潘叔正上言：旧会通河450余里，淤者乃1/3，浚之便。于是命礼部及刑部侍金纯，都督周长往治之。礼以会通之源必资汶水。乃用汶上老人白英策筑堽城，及戴村坝，横亘五里，遏汶流，使无南入洸，而北归海，汇诸泉之水尽出汶上，至南旺中分为二道。南流接徐、沛者十之四，北流达临清者十之六。南旺地势高沃，其水南北皆注，所谓水脊也。因相地置闸，以时蓄泄，自分水北至临清，地降90尺，置闸十有七，而达卫。南至沽头，地降百十有六尺，置闸二十有一，而达于淮。凡发山东及徐州、应天、镇江民30万，蠲租110万石有奇。20旬而成工。又奏浚沙河入马常泊以益汶。其后又治卫河以利航运，而平江泊陈瑄治江、淮间诸河功亦相继告竣。于是河运大便利，漕粟益多。永乐十三年遂罢海运。永乐二十年七月卒于官。礼性刚，驭下严急，故易集事。以是不为人所亲。卒之日家无余财。洪熙改元，礼部尚书吕震请予葬祭如制。宏治中主事王宠始请立祠诏祀之南旺湖上，以金纯，周长配。隆庆六年赠礼太子太保。

相传礼之化身为豆绿色，有菱形黑线纹，背上沿脊有黑线两道，且有黑圈，头亦为豆绿色，黑花之蛇，身长约38公分。

白大王 姓白，名英。山东汶上县人。明永乐间宋尚书用白策，开运河有功。雍正年间敕封永济之神。同治敕加灵咸、显应、昭孚等封号。光绪五年敕加昭宣大王封号。

相传其化身为绿黄色，有菱形黑线纹，脊为白色线，眼红色之蛇，身长约30公分。

六十五将军 相传将军之化身为蛇，为蛙或为黾。亦皆有功河道者，兹就其封号姓名，述之如后：

（一）管理河道，翼运、通济、显应、昭灵、普顺、安顺、衍泽、显佑、赞顺、护国、灵应、昭显、普佑陈九龙将军。

（二）管理河道，镇海、威远，金华将军；灵应、孚惠、护国、显佑、昭应，曹杲将军，五代时人。

（三）管理江河，翼运、平浪、灵佑、赞顺、斩龙，杨四将军，河南温县人。生而有灵，明永乐间时年12岁，邑水暴涨，作揖济渡，忽失足落水。父大哭。俄见乘板嬉笑，欲呼之，复入水伸手作龙蛇状，顺流东下。是夜乡人同梦，言受封为将军。

（四）管理江河，水府、灵通、广济、显应、英佑侯萧伯轩。

（五）管理河道，显灵、平浪侯晏戊仔，元初，临江府人。

（六）管理河道，孚惠河神黎世序，河南罗山县人，官南河道总督谥襄勤。

（七）管理河道，涌水顺风柳将军。

（八）管理河道，填埽闭塞党住将军，事见黄守才历史。

（九）管理河道，涌浪分水刘将军。

（十）管理河道，通济平浪张将军。

（十一）管理河道，添沙混水武将军。

（十二）管理河道，稳埽护坝邓将军。

（十三）管理河道，平水息浪黄将军。

（十四）管理河道，催运保船丁将军。
（十五）管理河道，变水鸿浪高将军。
（十六）管理河道，顺水招财潘将军。
（十七）管理河道，催水运沙彭将军。
（十八）管理河道，流沙漫滩季将军。
（十九）管理河道，镇埽稳桩袁将军。
（二十）管理河道，缓水息浪孔将军。
（二十一）管理河道，截水漫沙卢将军。
（二十二）管理河道，九江通会杨将军。
（二十三）管理河道，鉴查善恶楚将军。
（二十四）管理河道，移土填潭郝将军。
（二十五）管理河道，穿地青龙马将军。
（二十六）管理河道，洪河利水周将军。
（二十七）管理河道，白马梁将军。
（二十八）管理河道，活水起浣张将军。
（二十九）管理河道，掠风淘河康将军。
（三十）管理河道，滚水播浪刘将军。
（三十一）管理河道，播水开导张将军。
（三十二）管理河道，宗大将军。
（三十三）管理河道，宗二将军。
（三十四）管理河湖，灵应宗三将军。
（三十五）管理河道，宗四将军。
（三十六）管理河道，卷水徐将军。
（三十七）管理河道，混水吴将军。
（三十八）管理河道，孙将军。
（三十九）管理河道，侯将军。
（四十）管理河道，焦将军。
（四十一）管理河道，薛将军。
（四十二）管理河道，耿将军。
（四十三）管理河道，鲁将军。

（四十四）管理河道，韩将军。

（四十五）管理河道，罗将军。

（四十六）管理河道，荣将军。

（四十七）管理河道，白将军。

（四十八）管理河道，潘将军。

（四十九）管理河道，范将军。

（五十）管理河道，沈将军。

（五十一）管理河道，贺将军。

（五十二）管理河道，聂三将军。

（五十三）管理河道，聂四将军。

（五十四）管理河道，楚河常许四将军。

（五十五）管理河道，何将军。

（五十六）管理河道，秦将军。

（五十七）管理河道，汤将军。

（五十八）管理河道，张将军。

（五十九）管理河道，钱将军。

（六十）管理河道，赵将军。

（六十一）管理河道，冯将军。

（六十二）管理河道，岑将军。

（六十三）管理河道，李将军。

（六十四）管理河道，溥佑王仁福将军；江苏太湖厅人，监生以同知分发东海。同治六年署理祥河同知。是年八月黄河陡涨，工程危险抢埽落水身故。大溜登时外移，光绪元年封将军。

（六十五）王汉将军；浙江归安人。少读书，不屑为词章之学，从兄治习河务尽得要领。嘉庆二十五年投效东河，补祥符南岸主簿。积功累迁祥符县丞，德州州同，中河通判。先后署郑州州判、睢州州同、睢宁通判。道光二十一年夏六月河决开封下南厅，前任以疏防被谴檄，公调是缺。次年春正月壬子，金门仅存数丈，克期合龙，掌坝者益并力。甲寅夜半，门占甫下，水势尤烈。渼率兵役挑灯其上指挥，未竟，倏大风暴起，溜急埽蛰，一时并没。特诏轸恤，入祀昭宗祠。予云骑尉世职，光绪二十二年敕封将军。

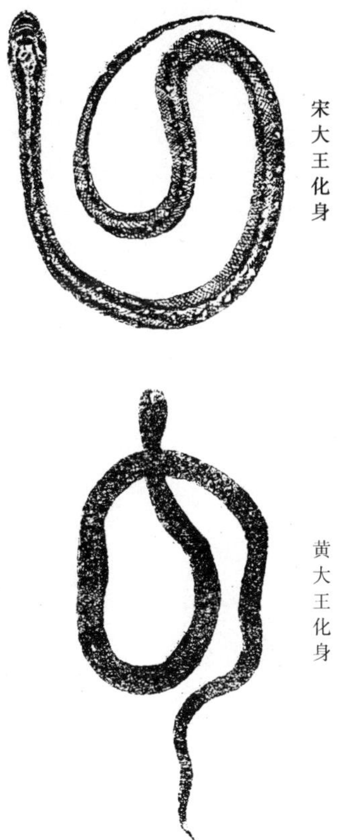

宋大王化身

黄大王化身

注：(1) 文中原有大王、将军化身图像多幅，整理时只选用了 2 幅作为参考。

二　从国外水利发展看黄河治理

美国治水之精神及其方法(1)

吾等八人(2)，自去年7月5日，奉院长令赴美参加联合国救济善后总署考察研究水利事业，计在美11个月，结果殊为满意，美国朝野人士对吾等之印象至佳，其赋予吾等考察上之便利，与夫招待之殷勤，以及吾等相互间悉心检讨分工合作之精神，可谓两无遗憾。吾等虽同属水工，然各有专门，故与美人研讨，范围甚广，彼方必尽力解释，而彼等任何问题，吾等则亦能有所解答；集思广益，质疑问难，常至深夜不息，情感交融，兴趣横生，切磋之效，乃获益于无形，此不得不重感于薛主任委员选派之适当，与用意之深长也。

吾等在美共历33州，踪迹之广，即美人亦难多得，所晤谈者，多为彼邦一时之彦，嘉谟宏猷，精义谠论，几无处而不令人惊讶，无处而不令人感慨，此处仅能就余个人所见，择其荦荦大者，报告一二，余则千流万壑，难以尽述，尚请诸君原谅！

此次吾等赴美，时机最佳，因美国土木事业，约分三大时期：第一，在前50年至30年间，可谓铁路时期。当时举国上下，致力于全国铁路网之兴建，一德一心，惟斯之图，至30年前，已大致完成，于是铁路建设，乃渐入休止状态；第二，在30年前至10年前间，可谓公路时期。当时举国上下，对州道乡道，改良其坡度弯度，加铺柏油或水泥路面，汲汲皇皇，不遗余力，至10年前，殆已大部改善，蔚为坦途；第三，即最近10年间，可谓水利时期，举国上下，倾注心力于此，兴办河工水电之大工程大计划，层出不穷，虽大战军起，而业务未废，吾等随于斯时前往考察，可谓适逢其盛，私衷良用庆幸。

兹于未讲本文之前，先有一点不能已于言者，即吾等每当目睹彼方进步之迅速，气魄之伟大，以及成效之卓著，恒不免反躬自问："我何为不能？"吾国非无水患，而灾祲荐至，黎庶沉沦，其情景较彼邦惨痛多矣，尤以北方黄河、永定河，经数千百年之整理，费无尽量之金钱，但结果仍使该河等落得“败家子”之名，岂特未享其利，抑且更蒙其害，溃决频闻，甚至影响国家治乱，言之寒心！虽然，岂应如斯！岂应如斯？

今请试观美国如何：

先言防洪：美国西部柯罗拉都河（Colorado R.）[(3)]长1700英里，自北南流，入于加利福尼亚海峡，流域面积24.4万方英里，为美国第三大河，向以沙泥重、洪流猛见称于世，不仅泛滥为灾，且以沙质过粗，害及农田，其患较我国黄河为烈。虽其下游有几处灌溉工程，但因洪流涨落无定，河沙搁阻无术，难得尽量发展。经多年之研究，乃于1928年，由国会通过兴建博尔德大坝（Boulder Dam）及其附属工程于奈瓦大及亚利松那（Navada and Aryna）[(4)]交界之黑石峡（Black Canyon），核定预算1.65亿金元，坝工于1936年完成，为世界第一高坝，系洋灰弧形重力式，高达726英尺，顶宽45英尺，顶长1044英尺。坝之本身，洋灰混凝土计325万立方码，若连附属工程在内，共用洋灰440万立方码。因此，坝之完成，上游蓄积长达115英里之大湖，面积为229平方英里，容量近3050万英亩尺（以一英亩面积积水一英尺为单位），换言之，须使柯罗拉都河两年不断之流入，始能将此湖注满。节制流量之蓄水库，有此巨大之容量，其下流宁有水患？然筑坝之目的，不止于防洪，仍有其他之用途在焉。此蓄水库蓄有大量之水，其分配于防洪者，仅950万英亩尺，约为30%，已足使水患问题全部解决。至于泥沙，因蓄水库容量若此之大，任其淤淀，无论柯河携带若干，至此尽沉湖底。据研究，其分配于淤淀泥沙者，为300万英亩尺，约为10%，柯河每年输沙量为10万英亩尺，故需30年工夫，仅能淤满全蓄水库容量1/10，斯则泥沙问题亦何足道。况科学进步，一日千里，30年间，因上游水土保持之结果，或因其他工程之建设，泥沙数量可逐渐减少，是以仅水库40%之容量，已足解决河患泥沙诸问题，其余约60%容量，则作为灌溉及都市用水之用。至放水发电，则为副产物，因无论作何用途，水总须使其自坝下流，不须另作储备也，故称副产物。但此副产物，并不在小，其力量可安装11.5万马力之水力机15座，5.5万马力水力机2座，共计为183.5万匹马力。设1马力之功当7人计，日夜分3班工作，约当20人，则此水力之数可当3700万工人。中国人口4万万5千万，健全壮丁估计约8000万，则上述一水库之水力，已足当我国全部壮丁工作量之半数，且不需饭食，不弄意气，吾人尝自夸人力无限，但全体之工作能力，仅美国一坝之副产物，已足胜过，此岂不足令人猛醒耶？我尝拟想，若于我国河南陕县，亦建筑若此之大坝一座，则其福国利民，宁能思议？我诚不禁馨香祷祝之也。

自博尔德大坝建筑后，下游已灌及计划中之田亩，约为160万英亩，并于下游建坝数座，即此，美人犹以未足，现更计划于坝之上游，再建一较博尔德大坝更大之坝一座，此乃何等魄力！夫柯河乃美国有名之浑河，其混浊程度仅次于黄河，然而经过博尔德大坝之水，碧绿澄清，湖光如镜，吾等参观之下，不免大失所望，所谓浑河者，果安在哉？其谁足信？然亦安得不信？河道之性质各有不同，诚不宜以柯河与黄河相提并论，但其治理之成绩，则昭昭在人耳目，我何为不能？此仅一简单而易明了之例耳，他如密西西比河支流欧海欧河(Ohio R.)[(5)]之许多小支流，皆建有蓄洪水库，何时何库该蓄，何时何库该放，皆由一总管机构之指挥，与火车站上之指挥车辆相似，几万方英里之行水，听人指挥，岂不神奇？另有一例，加利福尼亚州之沙柯兰头河（Sacramento R.）[(6)]，其下流不足容纳高涨之洪流，于是逐渐开辟6个泄洪堰，计算某一段河槽之容量，支流之注入量，并泄洪堰之排出量，精精确确，水有出路，而各有所归。若河槽水量不足，亦可将水引回，或将别段溢满之水，滋补不足之段，如此将一道浩浩大川，整治如玩具相似。若吾人能于黄河，郑州至开封，开封至兰封[(7)]，开封至济南间；或永定河卢沟桥至固安，固安至双营间，亦如上法分段整理，必可减轻水患，如未经参观沙河之例者，或讥为学院式之研究，乌托邦之理想，然今事实俱在，抑何疑之有？

二言灌溉：吾国非有若干雨水不调之地带几不能耕种或仅能种植一季之地亩乎？美国亦然，不少沙漠地带，全年雨量，有不足3英寸，或仅平均8英寸者，时至今日，仍有数千里之荒野，但沙漠中人为之绿洲，已数见不鲜，例如前文所云博尔德大坝下游全美渠之一段，完全系在飞沙中修建，渠两旁沙丘绵亘，古道堙没于飞沙走石中，不仅人烟绝断，抑且草木无踪，其荒凉硗碛之状，较我大西北尤甚，但自渠建成后，碧水到处，杨柳生春。吾现再举两例，以视我大西北究竟有无办法：美国西北部，荒地甚多，年来垦殖渐开，人烟辐辏，由太平洋入海者，有一大河，名哥伦比亚河，流域面积约 26 万方英里，在华盛顿州之南部，雨量每年平均 8 英寸，雨量缺乏，旱地不生稼禾，但于 1933 年，美人在大古力峡（Grand Coulee Canyon）内，兴修大古力坝，坝以上之流域面积为 7.4 万方英里，年总流量为 8000 万英亩尺，此坝虽不如博尔德坝之高，但美人生性善欢，打破前人之纪录，对此坝所用洋灰混凝土，则为博尔德坝之 3 倍，故称为世界最大坝。坝系洋灰直形重力式，高 550 英尺，顶宽 4173 英尺，底长 500 英尺，共用洋灰混凝土 1100 余万立方码，于 1942 年 1 月竣工。蓄湖长 150 英里，面积约 8 万英亩，蓄水量有 1000 万英亩尺，其中可用以发电者，居其半数。湖面落差有 80 英尺，因灌溉需水之季，为哥伦比亚河盛涨之时，故不必另作储蓄，即敷灌田之用。但所云灌溉之田，位置较高，须将水库中之水，抽高 280 英尺，始可应用。计划灌溉之面积，可达 125 万英亩。现灌溉之工尚未完成，电厂则已成其一半，计左右两电厂：各备水力机 9 座，左者尚未装机，每座发电 15 万马力，共达 270 万马力，近 200 千瓦，为世界第一大水电厂。电力仅一部分供抽水灌田之用，余作工业之需，此乃高田灌溉之例。库中水面，已提高 370 余英尺，须再抽高 280 英尺，才能供农田之用。此水库主要目的为灌溉，总预算为 4.85 亿金元，属于灌溉者，约 3.41 亿金元，属于水电者，为 1.13 亿金元，属于防洪者，为 100 万金元。吾等前往参观时，抽水工作尚未开始，因附近田野，尚无人居，美国政府于未有人民之先，即立此计划，定此规模，且实际工作，使人民坐享日后欣欣之乐，并为千百万返国壮士，预留一安息之区，此种为人民谋利之政府，岂不令人神往。此堪为我国甘肃实行高地灌溉之借镜，故特于此粗述大概，申其意义焉。

更举一灌田之例。乃河之水量，根本不足，于是穿过美洲之落矶山（Rocky Mt.）[8]，凿13英里之隧洞，将他河之水，引来使用，此即落矶山东麓大唐森河（Big Thompson R.）[9]。本已灌溉60余万英亩，惟以水源有限，供不应求，乃穿大山，引用柯罗拉都河之水。此乃最饶兴趣之工程，史无先例。因欲穿洞引水，乃生若干问题，第一须于落矶山西之柯河上游，筑坝蓄水，坝高288英尺，蓄成之湖名格兰柏水库（Granbay Reservoir）[10]，蓄水约50万英亩尺，建抽水机3座，每座每秒抽水290立方英尺提高130英尺，将库水吸注于影山湖（Shadow Mt. Lake），又与格兰湖（Grand Lake）[11]相通，格兰湖即为隧洞穿山之口，水即由此口中引出，穿山凿洞长13英里又1/10，进口较出口高107英尺，每秒输水550立方英尺。水出洞后，有一段明渠及其他设备，由此而注入东麓之水库，以供灌溉之用。其最有趣者，乃水出隧洞后，向东落差极大，乃在渠道中途散布之各段，建有水力厂6座，因此共得14万千瓦之电力，此乃意外之收获；另一问题，即柯河下游，本有用水之处，今将柯河之水，引诸东部，则其下游，将有不足之感，乃于柯河支流之一名布露河（Blue R.）[12]者，筑绿山坝（Green Mt. Dam）[13]以节水，而偿其损失，由此观之，诚可谓极尽用水之能事者矣！“是可为孰不可为”？我国许多曾赴西北考察者，多谓发展西北不容易，甚有谓不可能，“不容易”诚然，“不可能”则颇有商榷之余地。吾人是否已尽人事？有否充分利用现代化之知识与工具？此则颇值吾人深思者也。

三言航运：我国通行轮船之航道，多为天然所赐予。若长江有2000余英里之航槽，并未施以人工整理，此乃旷世少有。但除长江外，内河航运，仅有短途之轮船航行，其他极多纵横之河道，皆为荒溪，仅有木筏或小木船，可以行驶。吾等试再一观美国如何。欧海欧河自匹兹堡（Pittsburgh）至开罗（Cairo）入密西西比河，长凡981英里，平均每英里落差0.45英尺，未修前，于干旱年份，低水时期，匹兹堡至星星那悌（Cincinnate）[14]间，滩浅处仅1英尺，星星那悌至开罗间，滩浅处亦仅2英尺，但整修后，可以维持常年吃水9英尺之航船行驶。其修法至简，即拦河建53座坝，将一河逼成节节之静湖，河水本乃急冲而下，今乃变成53个接连之湖泊，缓缓下流矣。

每坝旁建有船闸，以便船之升降，譬之山坡陡路，修成台阶。此工程系于1878年开始，至1929年始全部完成，其后又继续改良，重建新坝，吾人称此种方法为“渠化”，换言之，即欧海欧河整个之河道，今日已全部被人工整理，与天然者，迥不相同，人定胜天，谁曰不然?

余今再举一最近完成之河道，乃欧海欧河之一大支流，名潭纳溪（Tennessee）(15)，自诺克斯威尔（Knoxville）至河口（Paducan）止，长凡650英里，经10年之努力，于1944年全部渠化完成。可以终年通行9英尺吃水之船只，设闸坝10座，亦系将水道整理成10个静湖，但坝身较高，落差很大，其最著者为福老当（Fort Londown）坝，船只升降80英尺。另有不用此法者，乃调整河槽，如密西西比河之中下游，于此汪洋之巨川上，施以人工之引导，裁弯取直，以维持其适当之路线及深度。此种工作似乎把握比较小，但仍有惊人之成绩，如当年密西西比河中游，在低水时仅深3.5英尺，而沙渚罗布，河槽分歧，今则可以维持9英尺深300英尺宽之航槽矣。河中透水坝之构造，系用木桩打入河底，远视之若我国之捕蟹网。我国黄河亦可使用此法，固定河身。此项工程，较为繁杂，兹从略。惟有一点令人惊讶之事，不可不提者，即美国改引河道，竟有先在陆地上将桥梁等筑好，然后使河道由桥下经过者，滚滚洪流，供人驱使，有如驯牛，吾人安能不赞叹工程之技巧！反观我国，水道虽有悠久之历史，然迄今仍未脱原始之状态，吾人有运河，有灵渠，但吾人进步迟缓，规模狭小，吾人非无宝源，非无技巧，所可惜者，不曾力行耳。

四曰水力：兹略言最近发展极大之水力事业，前文所云之博尔德大坝及大古力坝，由其电力之大，可以想见此项事业进步之迅速。现欲特别提出者，即彼等不仅在某一地或某一水，利用水力发电，而系以利用整个河流，包括水流与落差，堪称为地尽其利，物尽其用。潭纳溪河之渠化工程，在正流上筑坝10座，实际上彼等之所以采用较高坝，原因不仅在利航，而且欲以蓄水发电，节水防洪。今正流安装水力厂9处，连同其他支流由国家经营者，共有24处之多，计最高发电量，达240万千瓦时，现仍继续开发，尚未终止，平均售出电价，每千瓦时为3厘至4厘，如此廉价之动力，除水电外，尚有何其他可比！前云之哥伦比亚河，天然资源最为丰富，驾乎美国其他各河之上。除大古力外，于下游距海140英里处，又建邦尼卫坝（Bonneville Dam），为利航及发电之用，电量为518000万千瓦时，估计全河可发电2500万千瓦时，约系全国现已开采之总和，计划建造10个大坝，则全国水力资源92%，可以听人利用。因为电力若此之丰富而廉易，故人民日常生活，无不电气化，不但烧茶煮饭，即洗衣扫地，亦莫不惟电是用，遍及通都大邑，穷乡僻壤，其省时、经济、清洁，吾人几不能想象。以视我国重要若重庆之地，仍闹电闹水，诚不能同日而语，嘉陵江近在咫尺，但吾人无法利用。而彼等则对河流，思利用其一滴滴水，一寸寸之坡，此乃何等勇气！何等规模！

以上所云，仅乃美国现代水利事业片面之大概，至此诸君是否不免反躬自问，“我何为不能”？吾人有多少长江大河，昼夜不息，滚滚东流？吾人有无数山溪野涧，涓涓不尽，呜咽空泣。美国能化干戈为玉帛，积无用为有用，“我何为不能”？诸君之第一个答案一定是“彼等有钞”，此语诚是。美国是世界首富，如美国任一大工程，非钞莫办，观彼等每兴办一工程，动辄数万万，此非殷富国家，无法致此。然吾人必须认清，此项事业乃生利之举，非若我国旧代所谓“土木之工”，若阿房宫、颐和园等是。美国为最讲经济之国，一款不付之深壑，一材不使其浮费，其所投资，必须生利。此处所云利，乃广义之利，换言之，必须此项事业，是福民利国，始可举办。然则所谓“彼等有钞”，乃此事之因，抑此事之果耶？余想乃互为因果耳。

美国人之生活程度，已非任何国家所可比拟，彼等若此事业之发展，可谓锦上添花，乃百尺竿头，更进一步，至于我国，直是救死未遑。吾人诚穷，但正惟如此，吾人更觉举办之需要，吾人今日并非想发大财，乃是急需救命，若仅此救死之本钱，救命之力气，都不愿出，结果惟有坐以待毙而已，失复何言！吾人诚无法付出万万之投资，但吾人是否已经体认此乃救死之事业？是否已向此路前进？计划如何？已有之成效如何？此则颇值吾人检讨而警悟者，是以余之一答案，不是“无钱”而是“没干”，有钱可以大干，没钱可以小干，集小干为大干，自然可以生钱，破落户子弟，原先何尝无钱？而白手起家，又有何等凭仗？何况吾等平日所耗于不当事业上之金钱人力，并不在小，多少还可省些钱来，以我国资源之丰富，人群之聪颖，以及列祖列宗所留文化之灿烂，只须吾人真心干，则打出一条大路，何难之有？

美国此等事业之表现，正如舞台上演出之戏剧，乃经过若干时日，后台之艰苦磨炼，乃能有此满意之演出成绩，吾人不应徒观其台上所表现之成功，尤应研究其出演前努力之步骤。美国水利事业今日之成功，非由戏法变出之结果，而系有科学之方法在焉。一言科学方法，诸君或以为老生常谈，不必多作解释，但此乃彼等工作上之一定程序，技术上之一定手续，况吾人亦系演员之一，对此必须确切明了，故不惮烦琐，试详论之。第一步要有充分之准备工作，对于施工地带一切之自然环境，例如水流之涨落变化，雨量之密度大小，地质之粗松结构，地形之高低坡斜，以及附近村庄城市之农产、矿业、道路、森林等，无不须精密之查勘，与详明之研究记载，其中若干项更需有悠久观测之成果。故在一件工程实施以前，有曾下10年或20年之苦工，而施工计划有经若干次之修正者。准备工作是幕后之工夫，每当目睹工程之成就，辄赞叹其伟大，但试一读施工报告，则无处不钦佩其忍耐之德性，以及埋头苦干之精神。计划完成之后，又恐其不切实际，或有需更改之处，故第二步必付诸试验，任何较大工程机构，皆具一设备完密之试验所，如密西西比河之改善计划，现正由千余德国俘虏建造全河模型，完成后可占地4方英里，模型横比缩尺为1/2000，高比缩尺为1/100。除水工实验室外，另有材料、力学、化学、土壤等实验室。彼等咸认凡此乃工程上极重要之步骤，施工不过是最后之完成而已，好比种地，准备工作乃耕地、加肥、下种、灌水、拔莠、去虫等，而施工一部，仅相当于开花结果耳。吾人所参观之工程，无论大小，无不经过此项麻烦而费时之程序，此除应用科学方法外，另外“成功不必自我”之精神，亦可称之谓“无名英雄”之精神，亦吾人所应效法者。即如演剧，主角固不能缺，但后台服装、道具，甚至搬凳提琴之流，亦何尝能少？后者即无名英雄也。

美国素为注重人民自由发展之国家，但对水利事业，则决定以联邦政府筹拨基金兴办之政策，此因水利事业性质特殊，例如防洪，利航皆无直接收入，而灌溉多为垦荒工作，仅水力发电有确定之收入，凡于人民不能办或不愿办之事业，由政府领导经营，至于能谋利生财之事业，则由人民领导开发，即政府所经营者，一旦完成，仍完全供人民享用，政府与人民若此休戚与共之情形，诚令人羡慕不已。

美国近来举办水利工程，已采用多目标政策，以前举办工程，无论为灌溉或防洪，便以此为目标而规划实施，现在不然，因为一道河水之控制和分配在各种用途中都有关联。例如灌溉蓄水，蓄水即有利于防洪，然蓄之过多或有碍于航运，至于放水溉田，则可利以发电，因为一件工程可以影响各种目标，所以采用多目标制度，无论以何种目标为主题，必兼顾其他，换言之，水利之目标为多元的，而设计、实施、管理则为一元的。

此外，美国举办水利工程，近更有一趋势，即事业之开发，是以整个河流之整个问题（One River on Problem）为单位，因一河道之水流，须统筹控制，不能分割，方无弊端。昔时每视某支流可以蓄水发电，便兴工建设，若他人在另一支流上遇同样可能，亦复如此。于是各自为政，乃影响主河之水流，今日已渐趋于统筹支配，以便得最大而合理之利用矣。

至于人才，诚亦彼方成功原因之一，概言之，彼等做事认真、敏捷、确实、合作、清廉，就个人讲，效率高，就团体讲，效率亦高。其他如人才程度之配合，人事制度之讲求，上下相因，各得其所，犹臂之使指，伸屈自如，至于人才众多，足以兼顾，犹其余事。

我人每看美国，即兼思我邦，此两大国有甚多相似之点，其所不同者，彼为新兴，我为衰老耳。然国家亦何尝不能返老还童，美国作事之精神与方法，诚有甚多颇值吾人仿效者，于物质建设上，近十余年来，水利事业实乃美国最大之成就。吾人以一农业国家，初步走上工业化之途径，水利事业对吾人之重要性，无复怀疑，故吾人应如何及早筹划，庶成竹在胸，而免临渴掘井，是则有待乎全体之努力也。

兹于报告美国情形之后，略述数语，尚希共勉。

注：(1) 本文是1945年11月14日张含英在水利委员会的演讲词，作者时任国民政府行政院水利委员会委员。

(2) 指考察组成员张含英、林平一、徐世大、蔡振、蔡邦霖、吴又新、张任、刘钟瑞8人。

(3) 柯罗拉都河 (Colorado R.)，今译为科罗拉多河。

(4) 奈瓦大及亚利松那 (Navada and Aryna)，Navada似应为Nevada，今译为内华达（州）；Aryna似应为Arizona，今译亚利桑那（州）。

(5) 欧海欧河 (Ohio R.)，今译为俄亥俄河；Ohio，今译为俄亥俄（州）。

(6) 沙柯兰头河 (Sacramento R.)，今译为萨克拉门托河。

(7) 兰封，旧县名，1954年1月与考城县合并成今兰考县。

(8) 落矶山 (Rocky Mt.)，今译为落基山脉。

(9) 大唐森河 (Big Thompson R.)，今译为大汤普森河。

(10) 格兰柏水库 (Granbay Reservoir)，似应为Granby Reservoir，译为格兰比水库。

(11) 格兰湖 (Grand Lake)，今译为格兰德湖。

(12) 布露河 (Blue R.)，今译为布卢河。

(13) 绿山坝 (Green Mt. Dam)，今译为格林山坝。

(14) 星星那悌 (Cincinnate)，Cincinnate应为Cincinnati，今译为辛辛那提。

(15) 潭纳溪 (Tennessee)，今译为田纳西，后文中亦译为坦那溪。

治水方略之新动向

中国水利工程学会举行年会，论文委员会主任委员谭葆泰先生约以《美国治水方法》一题于本年会中作公开演讲，辞不获已，敬以《治水方略之新动向》一题，请教于诸位先生。

何谓治水方略？处理水利事业之基本方法或策略也，犹军事上之战术与战略耳。治水方略与普通所谓定理之性质不同。定理之性质系放诸四海而皆准，俟诸百世而不变。方略之性质乃随时代之前进而前进，是日新而月异，曾无固定之标准，及可认为圆满之止境。其所以前进不已，日新月异者，则以诸般学术或知识皆与时俱进，社会之经济情形都日益发达，治水之事已受其影响，且得有随时推动之力量也。尤以数十年来，诸般学术知识皆突飞猛进，经济情形亦有异常之发展，因此治水方略亦随之无时不在急剧变动之中。今择其最显著者简单报告，并就民国 33、34 年间考察美国水利实际见闻，略举数例，以资参证。

近年美国治水方略之最大变动或改进，约言之可分为四项：（一）纠正以前各自为政之制度，而实行“一个流域一个计划”之策略；（二）纠正以前一项工程一种功用之做法，而趋于“多目标工程之使用”；（三）对大众利益之趋于重视；（四）与各部门专家之通力合作。

一、一个流域一个计划

治水之事，始自上古，迄于今日，已有数千年之历史。昔时防患，其治理之对象，亦仅限于为患之一段，至于潜伏水患之另一段不顾也。犹之治病，头痛则治头，脚痛则医脚，其于病源则不察也。甚有一个河流，一件工程，而有若干机构负责各不相谋者。因此，防甲害乙，以邻为壑之现象，时见不鲜。至于所谓兴水利者，则但图目前，只顾私利，结果非因小失大，即利难尽用。其后虽微知前非，稍有改善，但依然枝节分歧，无法得到整体之控制，因此亦即不能得到根本之治理，不能充分发挥水利之功用。以与最初比较亦不过五十步百步之差耳。直等近世，始完全了然于以前之错误。因此，治水计划，须以整个流域为对象之学说乘时而起。所谓治水应以整个流域为对象者，亦即每一河道应作为一个问题（One River On Problem），而拟订其流域计划（Basin Plan）之意也。此一学说，初犹不过理论而已，惟近年美国已经大举实行，且已获得极大成功，因此形成一种新颖之治水方略。

欲知此种方略之功用，可以美国加利福尼亚州之中央平原计划（Central Valley Project）为例，加以说明。

中原位于加州中部，包括萨克满都（Sacramento）及散瓦琴（Sangoaguin）两河流域之平原。萨河南流微向东，散河北流微向西，两河相会西流而注于太平洋。中原南北长500英里，东西阔50英里，可灌溉田约200万亩。

整理本流域之要旨有三：

（一）中原半处干燥地带，雨量北多而南少，年自10至20英寸不等，且多集中于冬春两季，5月以后，半年内缺水。故计划之第一要旨，为储水以备灌溉，又以北部萨河流域虽占中原可耕之田1/3，而得水源2/3，南部散河流域占可耕之田2/3，而得水源1/3，故于尽量储蓄之外，又须使两河流域之水土得尽量之利用。再则若干区域凿井灌田，遂致地下水面降低，汲水工作困难。故于调节水面灌溉之外，应使一部分表水渗漏入地，以维持地下水位。故虽为一灌溉问题，实包含三种作用。

（二）第二要旨为开发电力。举凡较大之蓄水库及高坝所在，大都利以发电。发电之意义有二：一以工程费之本息大部赖电力售价偿还，再则配合灌溉，如无廉价之电力，前项灌溉之目的亦难圆满到达也。

（三）第三要旨为洪水调节。今日萨河防洪之法为筑堤与分流二者，但泄洪堰与泄洪道占地辽阔，工费不赀。然每当洪水暴发之时，沿河大城仍不免受其威胁。于上游筑库之后，洪水得以调节，水患之可能性以减。至于散河，则以灾情较轻，修水库后，水患可以完全避免。

根据以上目标，本计划包括容量在10万英亩尺以上之水库17处，输水量在1000秒英尺以上之大干渠4道，发电在10万千瓦以上之电厂2处，1万千瓦以上者10处。

吾人于此不必详述其工程内容，但就灌溉一项而言，其最有趣者，为散瓦琴河下游已有灌溉之利，但于其上游之佛达悌坝（Friant Dam）筑后，引水以灌溉散河上游之田，则水量不足以供下游之用。换言之，昔日之受水者，今后反付之阙如。故须引萨河之水，以抽水机节节提高。干渠长120英里，以洋灰铺槽，输水4600秒英尺，以补其缺。于是萨河多余之水，得以溉散河过剩之田，若不以整个流域为对象，曷克致此？所谓“流域计划”之妙用即在此。

至若美国潭纳溪（Tennessee）流域之设施，更为说明此项计划之善例，然已为国人熟悉，故从略。

二、多目标工程之使用

多目标工程之兴办，为前项计划自然之结果。所谓多目标（Multiple Purposes）者，即一项工程之建造，赋有多种利用之谓也。例如前述之中原计划，水库之兴修，其目的虽在储水灌田，但又作发电与防洪之用。是一工而有三项目标也。20年前不仅此等工程少见，即计划亦罕及此。今者，治水既以全域为对象，则将兴利与除害纳于一炉。凡足以开发全域资源，善用全域资源者，必欲以最经济之方法而获得水流与形势最大之利用。于是多目标之建筑应运而生。如中原计划，既有三要旨，欲以一水库而兼之欤？抑建三库以分司之欤？是不待智者而后知也。多目标工程之规模最大而建造最先者，当推1936年完成之博尔德大坝（Boulder Dam）。1928年美国国会通过兴建博尔德大坝及其附属工程，于奈瓦大及亚利松那两州交界之柯罗拉都河（Colorado R.）之黑峡，核定预算1.65亿金元。坝为洋灰弧形重力式，高726英尺，顶宽45英尺，顶长1044英尺。坝之本身计用洋灰混凝土325万立方码，连带附属工程共用洋灰混凝土440万立方码。因此坝之完成，上游积为长达115英里之大湖，面积为229平方英里，容量近3050万英亩尺。换言之，须柯河两年不断之流入，始能将此湖注满。

此库之应用有五：（一）防洪；（二）拦沙；（三）灌田；（四）都市用水；（五）发电。水库之容量既大，其分配于防洪者，仅950万英亩尺，约占30%，已能将水患问题全部解决。至其分配于泥沙之沉淀者，为300万英亩尺，约占10%。柯河每年输沙10万英亩尺，故以30年之时间，仅能淤满全库1/10，其余约60%之容量，则作为灌溉及都市给水之用。现已灌田160万英亩，并供给若干大城之用水。至于放水发电，则视为副产物。因无论作何用途，水皆自坝下流，不需另作储备即可发电，故称为副产物。但此副产物，言之亦颇惊人，盖为183.5万马力之发电量也。

博尔德大坝可为说明多目标之最好实例，其他工程或无此优越之环境，得利处或不能若是之巨，然亦仅为程度或范围之差别，其计划之原则，则无不如是，其都能得到互利互济之功，则并无二致也。

三、对大众之利益日趋于重视

治水之目的，尽人皆知在于增加生产，或间接有利于生产事业。生产增加之结果，可能有利于大众，亦可能独归于少数。际兹民主时代，大众利益至上，故治水之事，亦应以增进大多数人民之幸福为准则。

我国人口4/5为农民，故水利之兴，多偏重于利农方面，亦尚能勉合此准则，故胥视水利为德政。至于地主欺压佃户，以水之利归诸已，而不与佃户共享者，亦或有不免，但比较终为少数。惟工业国家情形则略有不同，盖以工业发达，则竞争日烈，竞争既烈，则求独占之情既切，谋利之念亦殷。因之每难得公平之处理，而害及公众之利益。惟今日一般之趋势，已使独占之机会逐渐减少，并有种种方法，以制止其超越之利益。

水利为公用事业。按一般公用事业之主旨，在以国家或团体之力量，为人民服务。人民之希望则在以最廉之代价，获得最大之享用。徒付代价，而无利可享，固不合理，代价太高，享利太微，亦欠适当。一般公用事业如此，治水之事业亦然。惟如何使此治水之事，求其代价与享用相当，或权利与义务相符合，则颇为不易。因治水之事，相当复杂，工程项目太多，事业投资且有国家人民之分，例如防洪与利航二者，难以获得金钱之直接收入，类皆由国家出资经营，或由人民团体组织机构办理。惟灌溉与水电二者，可得金钱直接收入，故每由人民自由经营，然亦间有由于所在地方人口稀少，或地瘠民贫财力有限，举办灌溉需款过巨，而由政府先行投资以为倡导者。至于水力发电工程，则间有由于开办之费特高，及牵制利害不同之水权地权等问题，人民经营，纠纷滋多，而由政府倡办者。但工成之后，大多交由受益者主持管理，及继续扩充，或交由地方经营。然亦间有由政府继续经营者，果尔，则其原来投资，将由政府以最低之利率折合本息规定极长之年限，向受益者取偿之。

以上为关于投资方面之复杂情形，此外，关于受益方面问题亦多。最要者有二：一为应如何平均受益田地地主与佃户间之利益，或原投资资本家与受益人民间之利益，一为应如何减低受益者之负担。前者虽稍出乎治水专家工作范围之外，然一治水专家确需具有此等认识，并备有平均各方利益之措施。不然，则易为资本家所利用。后者，纯在治水专家范围以内，自然更为责无旁贷。

治水事业所用之资金奢，则受益人民负担重。欲减轻其负担，应尽量采用多目标工程。唯因如此，又增计算成本之困难。如一库之修，专为灌溉，则此工程之整个用费，即为灌溉之成本。如一库而供防洪、灌溉、电力、航运四者之用，则何者占用费之若干，实难配算。然用电力者不愿亦不应担任防洪之投资，而灌田者亦不愿担任电力之用费，故必须将各项投资分别计算清楚。设防洪与航运之费用由国家或大众担负，则应将此费用由总额中剔除。如是计算总费中分配各项目标投资之多寡，实为治水者一困难课题。

美国潭纳溪流域管理公署（T. V. A.）所举办之工程，大抵以航运、防洪与发电三者为目标。其中可以有直接收入者仅电力一项。设电力收价过昂，则民众受损，取价较低，则为民营电力公司所攻击。故对于支配于各事业用费多寡之计算，特作详尽之研究。自 1935 年起，几经讨论，所提方案仍多有不能令人满意者。兹举其要者如次。

（一）依坝身高度之用途，作为投资分配之标准：例如维持航道需要之坝高为若干尺，高于是者乃供水力发电之需，其上部分则为防洪节储之用，以此而将坝之建筑费分配于各项目标。但坝之建造费，非可以不同高度阶段所可尽分者，故此法颇不合理。

（二）依水库蓄水量之用途作为投资分配之标准：以造价总数及全部蓄水量均分之，求得每单位蓄水容量之投资，然后按航运发电及防洪所支配之总量而定其投资分配。此法虽较前者合理，但水库容量，依坝高增加甚速，如平均计算每单位蓄水容量之价格，实有轻重不均之弊。

（三）剔除特别用项后再均分总价以作投资分配之标准：除直接可以支付于某一项者外，其余用费，按项均分之。例如，坝有船闸电厂之处，可将船闸直接归入航运账内，电厂直接归于水力发电账内，坝顶以上水库地面之清除等直接归防洪账内，除此以外，所有造坝用费，三户均分。此法虽属简便，而引人责难处，亦实不少。

（四）依相对利益法作为投资分配之标准：将建坝每项目标，如防洪、航运及发电等，所得利益若干，而总计之，再求其各占之百分比，据此以为投资多寡之分配。例如改良航运之后，每年可省运费若干，依利率化为本金，防洪与发电亦如之。此法虽已公允，但困难之点在于利益不易确定，同时必先定售电之价，始能计算，或有倒因为果之嫌，因而遭遇指责。

（五）根据合理互易用度之原理而略加修正，以为投资分配之标准：合理互易用度之原理（Alternative Justifiable Expenditure Principle）云者，亦可以例说明之，如专就便利航运言，设不采用多目标计划，而以低坝办法，亦可得同一利益，以此项用度减去多目标工程中之直接与利航有关之开支，其余数即为可易者。又如防洪可以单独建坝蓄水如其量，其地点则不必限于一处，或者根据每单位蓄水量之造价而计算之。水力发电可能依水力发电之造价，与常年费用之本金化，以计算可能互易之用度。求二者之互易用度总和，并得其百分比，即以此百分比作为分配之标准。此法虽非绝对合理，但较完善，已为潭署所采用矣。

今不惮烦将潭署之计算投资分配之法聒噪相陈者，非欲以介绍其方法，实欲藉此以说明彼等对于人民利益之如何重视耳。

四、与各部门专家之通力合作

水利专家之治水，不可仅有为治水而治水之心理，并应有促进全面经济发展之宏愿。欲使治水之事得有极大成功，亦不可仅恃治水专家以治水，更必有其他部门之专家与之合作。盖以治水事业，为经济建设之一环，非通力合作，不能充分发挥治水事业之作用，整个区域之经济情形，亦不能得到全面之发展。甚恐彼此脱节，互相牵制，因而彼此交相阻碍，都不能顺利进行，终陷于百事无成纠纷迭起之境地。

美国治水专家洞鉴及此，乃于近数年来，逐渐改变其昔日单独进行之作风，而趋于事业之统筹，及与其他部门专家之合作。当潭署成立之际，特别标明此点，并载在组织法案条文之中。条文云何？曰："为维护及利用联邦在阿拉巴码（Alabama）州[(1)]马索尔滩（Muscle Shoals）附近所主及所有之资产——关于国防及农业工业发展事宜，及为改善潭纳溪河之航运与管制，减低潭纳溪河与密西西比河流域为害洪流等目标起见，设立一法人团体，名为潭纳溪流域管理公署。"

或问事业统筹及与各部门专家合作之结果，果何如乎？曰：成绩斐然，且有始料所不及者。何以知其然欤？曰：尝闻潭署人员语人曰：潭署成立伊始，用意原为安定经济恐慌与救济人民失业，初无更大奢望存乎其间，而十余年建设之结果则向之面目完全一变。今不特为国防工业之重镇，且以肥料之制造、试验、推广与应用，以暨土壤冲刷之防制，而使土地日辟，耕地日增，每一单位之产量亦随之大为增加，甚有每一农工之年收入增加至244%者，非特利益普及本域，且已惠及全国。

关于航运方面，据调查迄至1944年底潭河全部渠化业已完成，由河口巴杜格起至诺克斯威尔[2]止，共650英里，可通行吃水9英尺之轮船。自1939年起，航运逐年增加，由每年7000万吨英里，至1943年9个月中，即达1.5万吨英里之数，5年之间运输总量增加1倍以上。换言之，亦可谓为运输能力增加1倍以上。

关于水力发电方面，据闻潭署所经营之电厂共有24处，最高发电量共为260余万千瓦时。1943年售电量为83亿余千瓦时，平均售价每千瓦时为3.78厘，净收入为3160余万金元。除去一切开支及折旧公积等项外，纯利益连利息在内为5%。

关于防洪方面，所得效果，亦极明显。例如，在本流方面，可以控最高纪录洪水总量之70.5%，在所汇入之密西西比河方面，可以减低开罗附近之洪水位2.5至3英尺。

关于国防者，于此次世界大战之中，已充分表现其功能矣。

潭署治水之所以成功，是由于治水专家之竭忠尽智，而其他部门专家之切实合作，各项事业配合调谐，亦与有力焉。潭署董事长林凌霄（E. Lilienthal）尝谓：本署工作需要各种不同职业，各种专门技术之人物。例如，地质学家、农业家、造林家、化学家、建筑家，以及公共卫生、野禽、养鱼等专门人才，与图书馆员、会计员、律师等。对于各专家意见之分歧情形，并曾作一有趣之叙述。略谓：造坝之后，坝之上游必有一极大面积为水湮没，其地或有墓园，或有学校，或有公路铁路之一部，或有村镇之全部，故首先待决之问题，为应购买地亩面积之多寡。依工程师之图样可能永久淹没之土地均应由公家购买自无可疑。然除此之外，沿蓄水库新岸线之地更应收买若干则意见分歧矣。农业家认为加购地亩有碍农产。公众娱乐家则认为应沿新岸线购买一宽阔之“保护带”，以之发展风景美，并辟为公园与游戏场。二者之意见已不相容，而疟疾防制家则主张于平浅之水地建筑园堤，以抽水机排除积水，并限制若干房屋不应夜晚住人。公路工程师为交通便利计，建议购进突入水库之土地迁其居民于新路之后方，以免增加临水公路建筑之费用。动力家则恐资金耗费过巨，影响将来动力单价，力主节省购地之费。而工业家又欲多建码头之类。凡此种种，皆由各人之观点不同，而各有各之见解，并有各之理由或依据，若非共同合作，而各持己见，则彼此之争执，永不得解决。既争执之不决，事业尚能推进乎？事业尚能成功乎？

五、治水方略变动之原因

关于治水方略之变动及趋向，其最重要者已如前述。至于变动之原因，要不外学术之进步，及经济之发展。然分析言之，又可得以下八项：（一）水政统一之趋向；（二）基本资料之增进；（三）研究试验之加强；（四）建筑技术之进步；（五）建筑工具之改善；（六）专门人才之补充；（七）国民经济之振兴；（八）民主作风之倡导。

昔时各国办理水利事业，类皆政出多门，因之枝节治理之弊，时有不免。惟近世之趋向则渐归统一，或于国家总机构内，成立单独主管部门，或分定流域，指定某一机构负其全责。自此以后，始无地域之界分，及职权之冲突。关于此点，我国实得风气之先，因“流域管理”之制度，我国早已实行。惜功效不著，反使后来者居上。美国之“流域计划”得以大放光辉，实亦有赖于流域管理之统一。其最著名之组织，即为潭纳溪流域管理公署。鄙人于民国 26 年即于《水利》月刊上介绍其组织，以为充实我国各河流域机关之参考。潭署组织虽曾引起美国一部分人士之反对，但其优越之成绩，实足为职权统一效能之佐证。又因多目标工程之兴办，更激励水政之趋于统一。例如，美国垦殖局之职权，本限于西经 100 度以西之垦殖事业，但因多目标工程之发展，势必促之兼及其他，如加州中原计划是也。

我国虽有先进之组织，而无完备之计划者，则因基本资料之贫乏。即以今日而论，不仅“流域计划”之不可能，即欲谋局部之改善，亦无充分之资料可为依据，更遑论以全流域为改造之对象耶？换言之，近代治水方略之创兴，实为先对本流域水情地势，以及社会经济等有彻底之了解，而后自然而然得来之结果。欲以科学方法治河，须先求“知”，此本极浅之事，毋庸赘陈也。

近代治水方略之所以成立，则是由于本方略所推动之事业已经得到成功，而事业之所以得到成功，则又为详密研究与试验之结果。因在每一事业举办之先，每一大工兴建之前，无不经过相当时期之研究，甚至10年或20年之准备，而后拟具其计划，计划拟成以后，又经若干次之修正，始能大致确定，仍恐不切实际，再付诸试验，试验成功然后实施。因此，工程失败之机会大见减少。不仅整体工程如此，即局部或零件亦大多经过此种步骤。故每一治水机关莫不有完备之水工实验室一处或数处。此外，更附设化学、土壤力学、材料等实验室，并视为极要工作之一部。近来密西西比河，欲研究流域计划，乃作全河模型，以供试验。模型之横比缩尺为1/2000，高比缩尺为1/100，成后可占地1方英里。再如潭署之齐克满格坝（Chickamanga Dam）之可能地址，修筑初时调查，共有6处，经过钻探研究比较，然后由6处中决定1处。及工作开始，坝之中线又复下移200英尺，以就更佳之地基。至于模型试验，自1936年6月即已开始，迄1940年7月始行终止，历时凡4年余。对事郑重，可以想见。此不过千百事业之一耳，类此者，不知有若干也。

工程学术之进步，与学术进步所引起之建筑技术与工具之改善，亦为推进新方略成功之重要因素。换言之，假设高坝之建筑为不可能，则新方略之推行必难顺利。尝闻自博尔德大坝有划时代之成就后，其他各处皆争相研究仿效，高坝之建筑如雨后春笋。昔年认为100尺即属高坝者，今已不足道矣。

人是一切事业之主动，关系重要，自不待言。惟针对我国环境之所应特为申明者，即欲执行某种任务，必须有某种专才。欲推行现代之治水事业，必须有现代之治水人才，不特有焉，且须足用。我国治水技师与技工之缺乏，已属尽人皆知，无可讳言。虽集中现有之人才于某一流域或其一支，亦未必足敷支配。设不努力于人才之训练而欲全国治水事业，突飞猛进，并跻于现代强国之林，不可得也。

国民经济之高下，与治水事业之发展，迟速或难易有互为因果之关系。因国民殷富则筹集巨额事业资金容易，筹集巨额资金容易，则伟大事业不难迅速发展，事业迅速发展则国民益富。美国治水事业之所以发展迅速，规模宏远者，益以是也。创业之初，或可量力投资，但利润所至，必能激起国民经济之活跃，而事业可因而日益发展，此自然之理也。

虽然优良之计划有矣，生利之事业本可办矣，然若仅为供给少数人之享受，剥削大众之权益，违背世界潮流，反于民主精神，亦必难得人民之拥护而达成功之目的，即幸而成矣，后之史家亦将以“大兴土木，劳民伤财”、“劳费无已，百姓怨恨”之按语加之。此无他，利益仅为少数人所享，不合民主之义也。美国为一民主国家，尽人知之，是以每当治水事业办理之初，民即乐之从之，继更自动兴起，倾力以赴，无待推动，而百事举，而建设成。所以然者，民主精神感召之力也。

六、我将何从

于结束本文之前，愿就我将何从之一问题略述愚见。愚以为，我国应即接受此一新兴之方略，并积极努力推行。因此，新兴之方略，就其本身而言，实为一进步之方略，且合于经济之原则。对于我国而言，事业亦确甚需要，因我国之水利资源大多尚蕴藏未发，水灾亦频仍如昔，欲事生产之增加，经济之振兴，治水事业，势需大举兴办，既有大量之新事业待办，则不可不采用新而有利之方略。虽然，欲依此以实现吾国之治水大业，亦并非毫无问题，而仍有基本条件欠缺之感，惟尚可设法弥补。例如，基本资料之缺乏，研究试验之短少，皆可设法补充，并非难能之事，且用费并不甚巨，当亦不成问题。向之所以不能做到者，未下决心而已。专才与工具自可借助他邦，同时并应自己培养。至于资金一项，自为严重之问题，须知事业之兴办，并非各地同时并举，而系定有先后之程序。其需款总数虽巨，但系分配于若干年月，亦并非完全一次支用。在最初数年所需之款或较由总款数额及总年数计算得来之年平均为小，几年之后，事业始逐渐扩充，需要工款方逐渐增加。世有主张劝导国人共向建设投资者，事亦至善，因现在一般资本家之所有资本数目极为庞大，且苦无出路，不得已皆于沿海各大城市作投机生意，何不能转向内地，以开发实业？惟此不仅为一简单之资金问题，且牵及政治问题矣。又有主张利用外资者，自亦为一出路。惟近闻甫有美国归来者谈，美报每批评我国计划，谓鲜有确切可行者。吾人故不论其言之是否，但外人投资之事，亦难保不有问题，果尔，则咎将谁负，能不痛自反省耶？故曰：惟有自力更生，方是最上之策，惟有先行尽其在我，然后可望求之于人。不然，对于建国计划之力，犹不肯下，建国事业之成，又何可望？欲求国家之进步，岂不难耶！总上以观，可知吾人果具决心，实行治水之新方略，并无何等困难与不宜，因此深愿我水利界同人，共本此旨，广事宣传，踏实履行，以促进我国家之建设，以达于富强康乐之境界，鄙人不敏，愿追随诸君子之后效微劳焉。

注：（1）阿拉巴码（Alabama），今译为亚拉巴马（州），后文中亦译为亚尔版玛（州）。

（2）诺克斯威尔，后文中亦译为诺可斯威尔。

密西西比河试用之两种新式护岸工程

我国河防工作，向有险工之防守，而无岸滩之保护。故防险之法綦详，而护岸之法则略。有之则自清季刘忠成始，其论守滩有曰："然河流善徙，数年中必一变。伏秋之时，则一日中且数变。其变而生险也，必自塌滩始，滩尽而薄堤，薄堤而险必出矣。河工之例，有守堤而无守滩。每当大溜之逼注，一日或塌滩数丈，甚且至于数十丈，司河事者相与瞠目束手，而无如之何，惟坐待其迫堤，然后厢埽而已。至未雨之绸缪，固有所不暇及也。"

吴大澂勒石荥泽汛，其文曰："老滩土坚，遇溜而日塌，塌之不已，堤亦渐圮。今我筑坝，保此老滩，滩不去，则堤不单，守堤不如守滩。"

此皆论护滩者也，护滩为固定河槽之有效方策，惜乎知之者少而未能采用，以致水来刷滩，坐视无救。窃以护岸者，应包护堤、护滩二者，有一不固，斯岸不能护，吾国对于护岸之工作，实未能尽其道也。故必有以改进，使二者兼顾，则于治河之道裨益良多。

按河流冲塌，多在弯曲处所，就普通情形言之，其冲塌之缓急，与弯曲之弧度大小成正比。水位低时，最大之冲刷力，常在弯曲之起点，水位涨时，则冲刷之点，逐渐下移；迨至最高水位时，或即达于弯曲之终点。低水时之冲刷，较为均匀，而大水时则否。若能于弯曲之处，加以防护工作，则水溜将变其摧陷滩岸之能力，而为刷深河槽之功用，如是护岸之旨达矣。然冲刷又不宜过深，致影响于护岸工程之安全，故此项工作，仍必妥为设计，然后乃得适当之效也。

吾国过去，既未注意于斯，故对护岸工程未能竭力推行，实属缺憾。兹特将美国密西西比河最近试用之两种新式护岸工程介绍于下，以供参考。但于叙述此项工程以前，更先略举其历来所用之护岸工程，以见彼邦人士惨淡经营，逐渐改良，即此区区所欲介绍者，其产生亦良不易也。

密西西比河水利委员会以护岸为其主要工作之一，惟其如是，故年来所费颇巨，平均每英亩约需美金30万元。该会以其耗费若是之大，亦时时筹思，以谋改善。务期促进护岸之效能，而减缩工程之费用也。

按密西西比河下游向所用之护岸工程，可析为两类：（一）导溜式（Non - continous Works）；（二）覆褥式（Revetment）。前者之目的，在能引导水溜离开所保护之滩岸，或减少其速率，俾免冲刷。后者乃对滩岸加以连续之掩护，以防水溜之冲击。

导溜式之护岸工程，种类亦多，例如细木或铁丝透水式、树枝透水式、墙壁透水式、水面下丁坝式等，皆属此类。惟在密西西比河试用之结果，均不甚佳，已皆弃置弗用。而现在所采用者只为覆褥式。

所谓覆褥式者，乃用一有弹性之连续覆盖物，沿岸覆于水面之上下，自岸顶以至于底，且于底趾外伸出相当之距离。以其制造原料之不同，可分为植物枝干及混凝土块两种。两种又各分为若干类。

（一）属于植物枝干者：

甲：以鱼竿秸（Fish Pole Cane）及铁丝做成之秸褥。

乙：以树枝及铁丝编制之枝褥。

丙：木板褥。

丁：以柳树或其他树枝所做之架褥（Framed Mattress）。

戊：以柳卷（Willow Fascines）连缀而成之卷褥。

（二）属于混凝土块者：

甲：整个之混凝土板（Monolithic Concrete Slab）。

乙：连接之混凝土褥（Articulated Concrete Mattress）。

丙：混凝土板褥（Slab Mattress）。

以上各种，据该河之经验，属于植物枝干者，惟架褥及卷褥两项可用。而属于混凝土块者，则以连接之混凝土褥及混凝土板褥为佳。故四者为现时该河之标准护岸工程。然以其费用过巨兼不耐久之故，该会最近又发明两种护岸工程，正在试用之中，此即本篇所欲介绍者也。分述于后：

一、沥青褥（Asphalt Mat Revetment）

该会既以现有之护岸工程，价昂而不坚实，乃有采用沥青为此项工程原料之议。盖沥青之性，耐久而不透水，藉可保护其下层护岸物料。是故欲以公道之价值，而得具有充分柔性之护岸物，俾于运输及下水之时，不致破裂，并更具适当之强度，能于入水之后，不失其原有形状，则以沥青为最宜也。

当该会研究采用沥青之初，首注意于其适宜之混合物及其成分，以冀造成最适用之物体。而对于此等混合物之选择，以成分多、价格廉、取得易为先决条件，于是选定以沙及细土为最宜，乃于维斯伯（Vicksburg）及纽奥仑（New Orleans）两地之间，选得细沙及非冲积成之土质200余种，做详细之试验。

依试验之结果，定其成分为滩沙（Sandbar Sand）66%，黄壤（Loess自峭壁所取，非冲积土壤）22%，沥青12%。其重量为每立方英尺130磅。如是沥青与此等物混合之后，而发生柔韧、强固、黏着、耐久之特性，且其质细于洋灰，极为适用。

此等混合物之成分既定，而购价又廉，于是该会从事于沥青褥之制造及下水时之设备。乃于1933年着手于小规模之试验，至秋实地建造。其所造之沥青褥，厚为2至3英寸，宽217英尺半，长可至575英尺。镶以铁网，网之制造，先以5/16英寸铁缆排列之，每列相距3英尺，更以12号铁丝制成之网（宽为6英尺，眼孔为2与4英寸长阔相乘）。与之连环而成铁镶网，置于褥之中间（见下图），支之以架，如铁筋混凝土中之铁筋然。此网制成以后，其在铁缆方向之荷重力，每英尺宽约为2000磅。

此褥下水之法，其设备与混凝土块褥者颇相似，惟因太宽，故略事改革。其制造进行程序，分为若干阶段，每段长30英尺，（一船）宽217英尺半。若以普通之工作情形，每一小时内，即可完成一段。

制造之设备，最要者为制褥船（Mattress Barge，长乘宽为260乘45英尺）及机器船（Mixer and Power-plant Barge，长乘宽为120乘38英尺）。其他则装载各种原料之船只而已。所用工人，如昼夜两

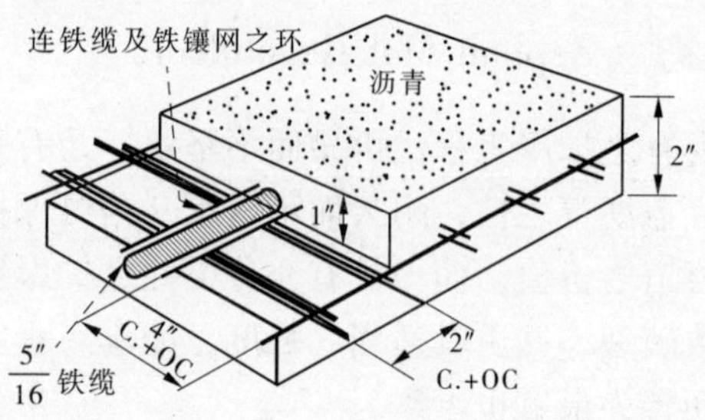

班，300 人即已足用。

沥青褥之设计及建造，概由纽奥仑第 2 段之工程师豪格斯（Lieut - Col. J. N. Hodges）与工程股主任汤姆森（H. A. Thompson）二人指导而成。此法自发起至实施完成，维时仅历 20 有 1 月，其成功之速，大堪令人注意也。

二、金字塔式混凝土之护岸（Tetrahedron - block Revetment）

金字塔式混凝土之护岸，为用于抢险者。盖以往所用之抢险方法，多为抛掷乱石，而时有供不应求之虞，且价值过昂，所费不赀，而其成效，亦不甚著。至其他护岸物如柳卷、木板、混凝土等，又必皆于洪水以前下水，不足供作抢险之用。故该会发明此法，用备抢险。

其法为平铺一厚层卵石于河岸坡，上置以金字塔式混凝土块，盖以卵石为护岸之本体，而以土块为保护卵石之武器也。卵石此等用法，其效用有二：一以免除急溜冲去岸上细土等物，此为旧式护岸所常有之弊，故不得不为之防；一以藉其透水之性，使护岸工程之水方与岸方之静压力，在各种情形之下，常保持平衡。

该会所以选用金字塔式者，盖以此式为四面体，无论以其任何一面为底，其受水溜冲击之面积与底之面积相较，其比例恒为甚小。底与岸相接而发生摩擦力，不论水溜之方向如何，其冲击力必有垂直方面之分力（Vertical Component）以压于此土块，因而增加滑动之摩擦力（Sliding Friction），故此土块得固定不移，以保持其抵溜护岸之力也。为研究水溜曳引力对于土块所生摩擦力之大小计，美国维斯伯水道试验所曾将各种大小金字塔式之土块置于细沙及卵石混合物上，作为试验。试验结果，如土块高至 12 英寸时，足可支持该河自开罗（Cairo）至海口之一切水溜曳引力。若此大小之土块，约用混凝土 0.22 立方英尺，其重量约为 32 磅（此为甚便于工作之重量）。每方（10 英尺见方）安置 120 块，约用 1 立方码混凝土，亦适与 $3\frac{1}{4}$英寸之混凝土板相等也。

该会对于此项工程在孟非斯区（Memphis），沿河做 6 段之试验，每段长 200 英尺。在中水位一带之岸坡，先以人工铺 6 英寸厚之卵石层，在低水位以下之岸坡，则以船只下卸 10 至 12 英寸厚之卵石层。岸之坡度为一（竖）三（横）收，卵石铺自岸顶至低水位外 215 英尺之处。又于此 6 区，试验 6 种排列土块之法，于岸坡之上部，以人工铺之，每方铺土块 120、150 及 200 之数（3 处，每处一种方式）。在水面下，仍以船只铺之，每方铺 200 至 250 块。内有一处，其水深不及 30 英尺以上，则每方铺 100 块。此外，又在维伯斯区亦做同等之试验，惟布置略异于是。

此等土块下水之法，系先于河内，用船只排列一行，定之以锚，名为排列船（String - out Barges）。其方向垂直于河岸，而其长短则以护岸工程之远近而定之。此外，再用一船装载土块，使其长边与岸平行，而令其一端联于排列船之下水方面。于此船之长边，每隔 4 英尺，立一工人，抛掷土块，以口笛为号，每人抛 50 块后，则船进 5 英尺，仍依前法抛之，如此每 20 方英尺抛 50 块，每方共计则 250 块也。

土块之制造，系由工人承做，其制造厂规模亦极宏大，按格林维尔（Greenville）之一处，其承造合同共定制 678 万块，而每日即能制造 5 万块，诚不为小。每块价目为 0.0789 金元，据云：设于熟练之后，价目尚可低廉。

此项工作指导督修之者，乃该会委员长弗久森（Brig. Gen. Harley B. Ferguson）、段工程师欧里弗（Major L. E. Oliver）及豪格（Major W. M. Hoge）3 人也。

美国之财富，因雄于一世，其建设自非他国所可比拟。然就以上观之，其于每种事业，竭尽精力，从事研究，不惜巨资，实地建设，精神之伟大，实非空言无补者所能及矣。

威权之水利组织[1]

美国地大物博，河流纵横，故对于水利事业之需要，与我国相埒也。然以急促之发展，与夫需求之亲切，以故水利组织极为繁杂。今日计之，直隶于中央及各部会者，有35处之多。是以系统紊乱，组织庞杂，美国人士亦深觉其有改善之必要也。1933年5月，国会通过设立坦那溪河流域管理公署（Tennessee Valley Authority），直属大总统。其初视之，亦不过于全国数十水利组织中增其一数耳。然行之4年，成效大著，既能表示实施之力量，复能显著其卓异之成绩。更以美国于连遭水灾之后，一班舆论，对于此等组织，尤复称赞不值。盖以其组织健全，具有最高之威权，无互相牵制之弊，收统一合作之效也。我国水利行政组织，近3年来，已有显著之进步。然社会进化无已时，他山之石，或可供其一助也。

坦那溪河在密西西比河之东，为密河支流，乃汇欧海欧河（Ohio）而注之者。经流7州，面积4.06万方英里（陕西渭河流域，包括泾洛等河，为4.68万余方英里；汉水流域约为7万方英里）。源于坦那溪州东部，维真尼亚（Virginia）[2]及北可鲁林那（N. Carolina）州[3]西部，及乔致亚（Georgia）州[4]北部。主流始自坦州之诺可斯威尔（Knoxville）穿坦州西南流，经亚尔版玛（Alabama）州北部，及密西西比（Mississippi）州北境，复折而北，经坦那溪州及堪达克（Kentucky）州[5]西部，于包大可（Paducah）流入欧海欧河。自诺可斯威尔至包大可为650英里。全流域人口250万，1/4居城。人口增加率较美国各部为高（附坦那溪河流域图）。

坦那溪河流域之物产，亦颇丰富。森林几覆盖面积之半，并富有煤铁及其他矿产。河之上游在海拔3000英尺左右，降至欧海欧河口之包大可，乃为300英尺。又加以每年雨量甚大，常在40至80英寸间，故有发生极大水力之可能。

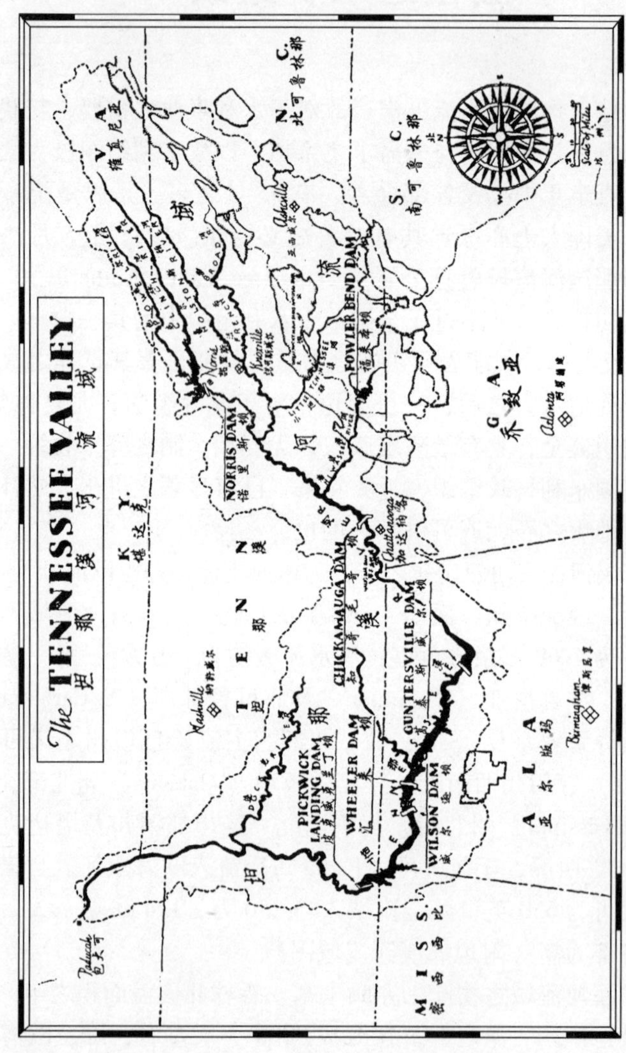
The TENNESSEE VALLEY
K. Y.
T E N N
V A
N. C.
S. C.
G A.
A L A
M I S S.
NORRIS DAM
CHICKAMAUGA DAM
GUNTERSVILLE DAM
WHEELER DAM
PICKWICK LANDING DAM
WILSON DAM
FOWLER BEND DAM
Paducah
Nashville
Knoxville
Norris
Asheville
Chattanooga
Birmingham
CLINCH RIVER
HOLSTON RIVER
FRENCH BROAD
Scale of Miles

于欧洲大战之时，美国联邦政府于阿州之马素苕（Muscle Shoal，Alabama，阿州属坦那溪河流域），购有产业，以制造硝酸盐（Nitrate）而供火药工业之用。此项产业包括威尔逊蓄水坝（Wilson Dam），水力发电厂，硝酸盐一、二两厂，石厂，铁道，汽力厂两处，传递线及其一切附件。大战之后，此等伟大事业，即告冷落。国会对于如何继续利用之问题，亦数经讨论。最后罗斯福总统提请国会拟议以此项产业为人民谋福利之办法。国会则于1933年5月议定组织坦那溪流域管理公署之办法，答复总统。但公署之工作范围较诸原定者，则大为扩充也。原案中有云：

"为经营马素苕之国家产业，为增固国防，为发展农工业，为改善坦那溪航运，为防止坦那溪河及密西西比河之水患计，设立坦那溪流域管理公署。"

可知所谓经营大战时期所设置之产业者，乃其职掌之一种耳。欲达到上项目的，其工作之内容为：（一）控制并利用水源；（二）保持并开发土地富源；（三）发展电力事业并扩充其应用。

公署中最高之执行者为理事会。理事会3人，由大总统于征得国会同意后任命之，并指定1人为主席。公署之其他职员由理事会任命之。理事任期在第1次任命之后，1人为3年，1人为6年，1人为9年。于每3年更换1人，其后之任期皆为9年也。下分4处，即联络处、管理处、工程处及设计处是也。又设若干部组厂分司其事，其组织系统另见附表（后有附表）。

公署之职权，亦详载于修正之国会通过议案内第四条第十款：

"有建设坦那溪河及其支流拦水坝与蓄水库之权，此项工作必与威尔逊（Wilson）坝及正在建造之诺里斯（Norris）、汇来（Wheeler）及皮克威克兰丁（Pickwick Landing）诸坝相关联，用以维持该河自诺可斯威尔（Knoxville）至河口吃水9英尺之航道，且能改善坦那溪及其支流之航运，并得以控制坦那溪及密西西比之洪水，俾减水患；且有在坦那溪及支流获得或建造发电厂、传递线，与航运及其他工作，并有联合各电力厂及分布用电之权。"

该公署对于其他机关建设工作，有指挥管理之全权。亦载于议案

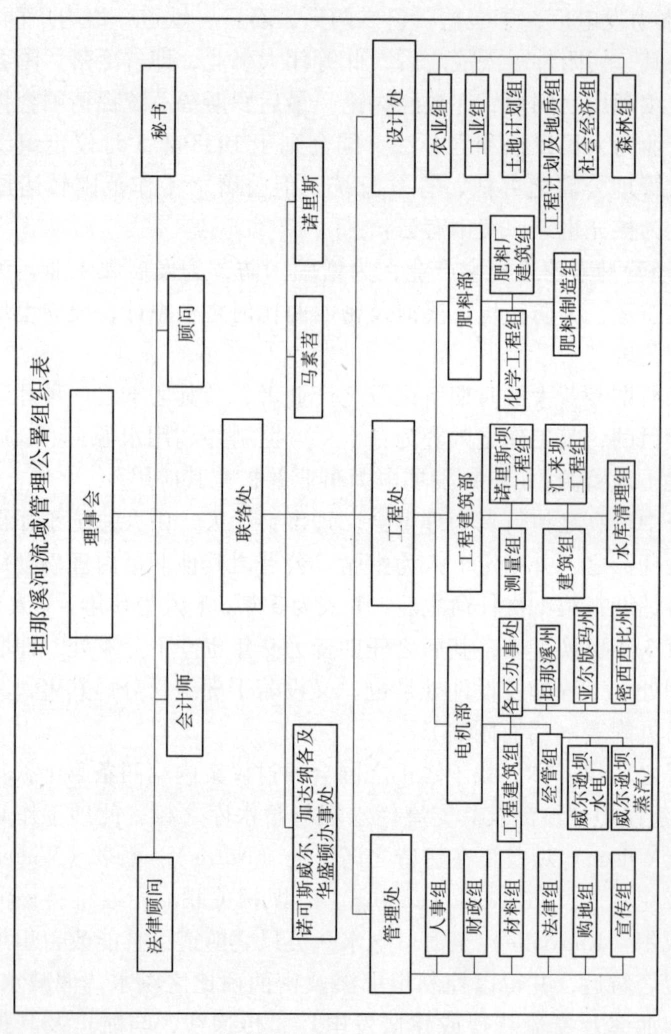
坦那溪河流域管理公署组织表
理事会
秘书
顾问
会计师
法律顾问
联络处
诺里斯
马素若
诺可斯威尔、加达纳各及华盛顿办事处
设计处
农业组
工业组
土地计划组
工程计划及地质组
社会经济组
森林组
工程处
肥料部
肥料厂建筑组
化学工程组
肥料制造组
工程建筑部
诺里斯坝工程组
汇来坝工程组
测量组
建筑组
水库清理组
电机部
各区办事处
坦那溪州
亚尔板玛州
密西西比州
工程建筑组
经管组
威尔逊坝水电厂
威尔逊坝蒸汽厂
管理处
人事组
财政组
材料组
法律组
购地组
宣传组

第二十六条第一款内：

“为统一坦那溪河流域之发展及治理起见，不经理事会之核准，不得建筑、管理，或护养拦水坝及其附属工程，以及有碍航行、防洪、土地之建筑物；是故凡不经核准之工作其兴工管理及护养，皆所严厉制止。然上项计划虽经核准，若有修正或更改之处，不经理事会核准，亦不得稍离原定计划进行。”

为保护田亩计，议决中亦假理事会以特权，第五条第三款内载：

“理事会可与国、州、区或县立之试验场、试验区，或与农夫、地主、农民协会合作，于试验时期推行肥料之应用，与土壤冲刷之制止。”

议案中所定之航运、防洪及国防之效能，并不仅限于以上所定之条文，此仅为达到发展坦那溪河流域之一种步骤而已。议案第二十二条内载：

“为协助坦那溪河流域及其有关地带天然富源之应用、保护及发展计，为增进该地域及其人民之幸福计，大总统于国会所完定之经济范围内，得视其必要，作坦那溪河流域及其有关地带之测量及计划，要以有利于国会及有关各州对于指导及治理天然富源与经济之发展，无论为以公款设施，或以地方力量推行，但其目的，要不外对该地带作有规则及适当之物质、经济及社会之发展也。对于上项测量及计划，必要时，大总统并得与有关各州或其附属之机关，或其他团体合作，以研究试验考证而抵于成。”

上项工作得以大总统命令，由坦那溪河流域管理公署全权办理。

坦那溪河流域管理公署属于大总统，国会所俾予大总统之特权，概可由该公署执行之。仅就以上所列各条言之，凡有关该流域之航运、河防、水电、改良农产、防止冲刷，以及国防，莫不由该公署主持之。其权限无国、州、县之区分，其进行可由大总统之命令行之。其制度既统一，而威权复伟大。于一法制国家之内，其成绩必有可观，毫无疑虑者也。

今更将坦那溪公署三年来之工作及将来之计划陈述于后，以实吾言。

自诺可斯威尔至入欧海欧河口之航运，本为公署工作之一部，但就开支经费言，为数实巨，且更有待开支之处尚多也。坦那溪河之航运，一世纪前已为世人所注目。1824 年，军政部长高尔汉（John C. Calhoun）即建议总统将该河列入发展航运大计划之内。1828 年国会派遣人员测估马素茗一带渠道及船闸，1938 年即以售田 40 万英亩为资，开始动工。于马素茗附近完成 1 航渠及 17 闸门，于 1834 年开航。但以方法不合，终遭废弃。其后 1891、1913、1926 等年，迭有其他工程之兴修。1925 年完成威尔逊坝，次年完成其下之第 1 号闸。流域内亦数经严密之测量，如 1922、1925、1926、1928 及 1929 等年是也。其间并有美国陆军工程队之研究报告等，皆有利于今日之进行者至巨。

欲利航行，则必设闸坝以蓄水，并增加水深，故对于高坝或低坝之选择，亦曾详为研究。然闸坝不仅关系航行，且与防洪有关，故必兼筹并顾也。讨论结果，则采用高坝。低坝虽所费较少，但需坝 32 座，故船只必经过 32 次之开关闸门，较高坝为烦也。低闸之上，其渠常狭而曲，航行不利，且水位之涨落过猛，设备维艰。尤有进者，低坝对于防洪之影响较小。故研究结果，决意采取高坝建筑。

坦那溪河为欧海欧河之大支流，故影响于密西西比河洪灾者亦甚大。1913 年 1 月密河之大水时，坦河供给 240000 秒立方英尺之流量，约当密河最高峰 18%。同年 4 月供给 275000 秒立方英尺，亦占密河最高峰 18%。1927 年 3 月坦河之供给占密河最高峰 20%，同年 4 月占 14%。是故控制坦河之洪流，足能减少密河之水患也。

坦河之主要支流为克林池（Clinch）、毫尔斯顿（Holston）、法布劳（French Broad）、小坦那溪（Little Tennessee）、海威溪（Hiwassee）等河。公署欲控制其中三支流之洪水。每支流之蓄水，足以影响其他支流之储蓄及价值，故不能预计某一次之洪水由于某一支流之影响最大，是以适当之蓄水设施，愈多愈善也。

主流上之蓄水亦极其重要。主流之蓄水坝，如为环境所许可，必使之极高；盖以主流之蓄水，可以直接影响于密河之洪流，且可减低各停船地带水位增降之差，以利航运也。

依现在之蓄水库计划论，坦河本身之蓄水量可达700万英亩尺（acre－feet），或有可增至1000万英亩尺之可能。此数中之350万英亩尺为主流中之蓄水量。至于坦河蓄水影响密河水患之大小，又以洪水峰延续之长短为衡。例如1913年以开义罗（Cairo）[6]下20英里处之哥仑巴斯（Columbus）计，若将洪水峰减去100万英亩尺，可以减低水位1英尺；若减去200万英亩尺，可以减低1.65英尺；减去300万英亩尺，减低2.4英尺。至于1927年大小水时，如减去100万英亩尺，可减低水位1.8英尺；减去200万英亩尺，减低2.8英尺；减去300万英亩尺，减低3.6英尺。此不过就比较言之，要难确为估计也。

坦那溪河之计划，包括9座高坝及1座低式吊闸。其中马素苕之威尔逊坝业已完成，但亦拟增高1英尺或2英尺。威尔逊坝下之1号闸为公署成立前所建造者，亦拟增高。加达纳各（Chattanooga）下之海尔斯巴坝（Hales Bar Dam）为私家所建，亦必增高，或行挑挖俾得同样之效果。汇来坝（Wheeler Dam）之闸为军政部于公署成立前所建，现已完成者。

汇来坝为公署所建，在威尔逊坝以上15英里半之处，亦将完竣。皮克威克兰丁坝在威尔逊坝下53英里处，正在进行。葛泰斯威尔坝（Guntersville Dam）在汇来坝上74英里，知哥毛哥坝（Chickamauga Dam）在加达纳各上7英里，亦正建筑。尚有其他3处未动工者，为河口上23英里处之吉尔伯斯威尔坝（Gilbertsirlle Dam），加达纳各及诺可斯威尔间之瓦特巴坝（Watts Bar Dam），及可尔泰苕坝（Coulter Shoals Dam）。

主流之外，各支流中尚有蓄水库3处，此等蓄水库可以储蓄洪流，可以减低大水时水位之降落，并能增加低水时之水源。加达纳各城常遭洪灾，建库后自可减少灾情。诺里斯坝（Norris Dam）行将告竣。小坦那溪河之福他那坝（Fontana Dam）正在购置坝址。海威溪河之福来本坝（Fowler Bend Dam）亦可动工。

其不在现有计划中者，现正研究，俾作异日之发展也。

汇来坝已设有水电厂2处，诺里斯坝亦有2处，于皮克威克兰丁坝亦拟设立 2 处。其他各坝现下不拟添设水电厂，然在建筑上皆有安置电力机器之设备，以备需要时之安设也。

第一表为各坝之概况。第二、三两表为公署建议国会之方案。因第二表为已动工之项目，故于 1937 年后，经费每年逐渐减少。惟拟于 1938 年兴修福他那坝、瓦特巴坝，1939 年兴修吉尔伯斯威尔坝，1940 年兴修可尔泰莒坝，1941 年增高海尔巴池及挑挖工作，与增高威尔逊坝及闸以及 1 号坝工作。预计第二及第三表之工程于 1943 年完成。

第一表　坦那溪河流域管理公署完成及正施工之蓄水坝

名称	高度（英尺）	长度（英尺）	蓄水库容量（英亩尺）	库沿长度（英里）	水电（马力）	完工年份
诺里斯坝	256	1872	3400000	705	66000	1936
葛泰斯威尔坝	89	3980	951000	585	—	1940
汇来坝	72	6335	1120000	899	45000	1936
威尔逊坝	137	4860	500000	—	261400	1925
皮克威克兰丁坝	107	7715	1032000	550	—	1939
知哥毛哥坝	104	5800	667000	537	—	1940
福来本坝	300	126	440000	150	—	1940

附注：各坝之经费预算参看第二表。

公署对于土壤冲刷之防止，及造林之进行亦不遗余力。曾与各州合作，作种种试验及设施。防止冲刷之工作其一为工程方面者，即建筑谷坊、挑挖引渠（Diversion Ditch）、铲平水沟及保护冲刷地面，1935 年凡作护岸及保冲工程 2000 万方码，谷坊 3100 余处。然亦必辅之以植树及种草。于 1935 年为防止冲刷所造之森林为 1846 英亩，约植树 548 万株。私家之防冲工作亦极有效。公署并办有苗圃，及其他研究工作。

公署接收硝酸盐厂 2 处，即进行制造肥料之试验。现今美国所用之肥田料，其半数为磷酸盐性（Phosphatic）者。多为过磷酸盐（Su-

第二表　坦那溪流域管理公署建坝及有关工程程序表

工程名称	经费确数		经费确数及估计数	经费估计数				总数
	1934 年	1935 年	1936 年	1937 年	1938 年	1939 年	1940 年	
汇来坝（Wheeler Dam）	$ 2187231	$ 13151645	$ 15441661	$ 1336000				$ 32116537[a]
诺里斯坝（Norris Dam）	6920151	14562522	13969557	573000				36025230[b]
皮克威克兰丁坝（Pickwick Dam）		2540010	8972959	10716716	$ 6980000	$ 3320000		32529685[c]
葛泰斯威尔坝（Guntersville Dam）		23897	2375024	8006372	13994707	2990000	2110000	29500000[c]
知哥毛哥坝（Chickamauga Dam）		37070	2490866	5563000	6179064	11520000	5860000	31650000[c]
福来本坝（Fowler Bend Dam）		143604	1000000	3337228	3969168	5070000	1730000	15250000[c]
研究钻探及计划	197533	455428	609944	882500	800000	700000	600000	4245405[c]
测量	179557	664781	752830	775000	500000	500000	500000	3871668
总计	$ 9484472	$ 31578957	$ 45612841	$ 31189816	$ 32422939	$ 24100000	$ 10800000	$ 185188525

附注： 除表中所列外，尚有威尔逊坝及第 1 号坝（威尔逊坝之下）及汇来闸为其他机关所完成者，开支公帑＄49400000 金元，未列在内。

（a）皆以金元计。

（b）其中包括家具公路土地及诺里斯城之费用＄5000000。

（c）仅为初步估计。

第三表　坦那溪管理公署建议兴修之坝

工程名称	河流	河口之英里数	坝之长度（缘长，英尺）	坝高（普通水头，英尺）	坝之式样	蓄水长度（以河计，英里）	初步估计（金元）[a]
吉尔伯斯威尔坝（Gilbertsirlle Dam）	坦那溪	23	8300	55	混凝泥及填土	148	$ 60000000[b]
增高威尔逊坝及1号坝	坦那溪	259	—	—	混凝泥或铁板	—	500000
增高海尔巴池及挑挖	坦那溪	431	—	—	混凝泥	—	4000000
瓦特巴坝（Watts Bar Dam）	坦那溪	531	2900	63	混凝泥及填土	74	31000000
可尔泰茗坝（Coulter Shoals Dam）	坦那溪	604	2100	65	混凝泥及填土	44	20000000
福他那坝（Fontana Dam）	小坦那溪	61	1750	450	混凝泥	25	29000000

附注：（a）测量及钻探之详细计算尚未完备。

（b）如经费再增 $ 14000000，则可增加蓄水 1440000 英亩尺。

perphosphate）类肥料，含有16% ~20%之植物食料。此等百分数太低，亟应加以改良。普通市面亦有含较高之植物食料者，为三重过磷酸盐（Triple Superphosphate）。以重量为单位，其价虽较昂贵，但以植物食料为单位，则较前者为廉。且以其制造之不合法，如能改良，则更可减低价值。于是公署即努力此项研究。制造结果，可得43%之植物食料，已较市面所常用者增加1倍至2倍矣。截至1935年底，已制造磷酸盐类肥料约2万吨。公署除出售外，并自作试验，同年曾作984处农田之试验，所用肥料约2000吨。

至于国防之准备，公署除维持旧有之硝酸盐厂2处外，并增加设备，经营各项军火之制造。

以上简短介绍，当不能尽坦那溪河流域管理公署工作之1/10，然成立甫经4年，其成绩已大显著，足证其工作效率之猛晋，与夫在事人员之努力也。欣慕之余，爰为文以介绍之。

注：（1）本文写于1937年南京，主要介绍美国坦那溪河流域管理公署的组织、管理与经营情况。

（2）维真尼亚（Virginia），今译为维吉尼亚（州）。

（3）北可鲁林那（N. Carolina）州，今译为北卡罗莱纳州。

（4）乔致亚（Georgia）州，今译为乔治亚州。

（5）堪达克（Kentucky）州，今译为肯塔基州。

（6）开义罗（Cairo），前文中亦译为开罗。

河水含沙与灌溉之关系

河流之冲积功能甚大，故能将高原之土壤搬运下游，填筑新田地。是故河水含沙量愈多，建设愈大，换言之，其对于农田亩数之增加亦愈速。我国河北、河南、山东、江苏之大冲积平原，其一例也。惟若用之于灌溉，含沙愈多则愈为不利。议以黄河灌田者颇多，然皆因于其含沙之巨，莫可得适当之解决。美国可仑拉都河（Colorado River）之含沙量，仅次于黄河（1914 年为可仑拉都河携沙较大之年，全年平均以重量计为 1%），已用之于灌溉矣，且已发生积沙之困难矣。兹就美国农业部灌溉工程师福泰（Samuel Fortier）及布兰内（Harry F. Blaney）研究之结果介绍之，以作引黄者之参考（详见 Technical Bulletin No. 67 U. S. Dept. of Agriculture）。

可仑拉都河在美国西部，入加利福尼亚海湾。其有 20 英寸之雨量，而能维持树木之生长者，皆为高出海面 6000 至 1. 1 万英尺之地带，且多岩石，高低不平，颇难种植。较低之地，则太干燥，不施灌溉，难有收获。因此，天然之限制，及引水费用之关系，垦出之田只 700 万英亩——约为全面积 5%。河之下游，因冬日之天气适宜，生长之时期甚长，又因能蓄水以节流量，对于引水原动水等应用，亦甚方便，故更适于垦殖。

治辖可仑拉都河泥沙经济之方法为：（一）于河谷（Canyon）之下端建大蓄水库以停沙，并于支流各建较小之蓄水库；（二）于引河入口或其附近，建淤淀库或滤清池；（三）对于草之生长及护养，必妥为治理，一则可供家畜之食料，再则减轻土壤之冲刷。兹先述该河含沙之概况，再及现用之治理方法，末及其改良意见。

可仑拉都河之泥沙包含极细之石末，及不同比例之有机物。其颜色及性质因所经过之区域而异。就普通言之，其比重为 2. 65，然其每单位体积之重量，变化极大。河自深谷流出后，地势平坦，因之较重之泥沙沉淀，或滚流于河底。其流入下游者，则极微细，其粒之大小亦颇整齐，漏过200号标准筛者凡50%（黄河则在80%以上）。河底滚流之沙则较河水中所含者为粗，其最甚者，漏过200号筛只有7%，其停留于60号筛者，则多至33%。

至于泥沙之化学成分，则因水位之高低，汛涨之时期，及各支流之情形而异。例如春汛为冰解，必与伏汛者不同。

然所应注意者，即为泥沙肥田之功用。河水中有氮气溶液，泥沙之淤淀中则有磷酸（Phosphoric acid）、碳酸钾（Potash）及氮气。于可仑拉都河之尤马（Yuma）地方化验，每英亩尺（acre - feet）水所含之泥沙中，因环境之不同，含有2至44磅之磷酸，15至445磅之碳酸钾，及1至17磅之氮气。若免除全量之泥沙，则恐除氮气溶液外，其他养分皆不得随河水以肥田矣。

可仑拉都河灌溉，免除泥沙所用之方法有四：（一）引河进水口设滤清池；（二）过剩之水流入淤淀库；（三）挑挖渠中之泥沙；（四）将泥沙分布于耕种之田地。但经验结果，知此仅有一部分之效果，而非能完全满意也。

可仑拉都河虽较小，亦如吾国之黄河，其下游则迁移无定，每于一区填高，则决口而改道。然近30年来，一则为灌溉利益计，再则为河槽巩固计，用于堤防者，凡750万美金元。又于堵塞1905至1907年之决口，费用200万美金元。此就防水患而言者。至于因泥沙之免除，其费用亦不在少，即以皇谷（Imperial Valley）灌溉区而论，可灌之田约为50万英亩。其在1924年挑挖进口处及渠中之积沙，约费56万美金元，而农家因免除泥沙所费之开支，每英亩尚需2美金元。是故平均言之，每亩所费免除泥沙之费，每年约需3美金元。

皇谷在可仑拉都河之下游，其干渠即自由马附近起。该区约为100万英亩，但可灌溉者，只约为其半数。干渠名亚拉模（Alamo），流量为7100秒立方英尺。

因每年淤淀之故，干渠之口须常变化其地位，则每次必有新建筑。1906年，建汉隆（Hanlon）引水门，在河之右岸。1918年建落克伍（Rockwood）引水门。后者为混凝泥建筑物，长 700 英尺，其面与河岸平行，有 75 门，门之中心至中心为 8 英尺。其中 48 个门槛之高度，为海面上 106. 7 英尺，其他门槛则较低 8. 1 英尺。为研究干渠应有之坡度，及求得渠中与河中含沙之比较数，在 1917 至 1920 年考察之结果如下：

（一）在 1918 年 10 月以前，当落克伍引水门初用之时，河中与渠中之含沙量（滚行河底者不计）之差甚少（小于 10%）。

（二）当落克伍引水门应用之时，流入于亚拉模渠之含沙量减少 47%，虽时有增减，皆因水位之高低及管理水门之情形而异。

（三）流入于亚拉模渠之泥沙，90% 漏过 200 号筛，其阻于 60 号筛者，只 1% 之 1/3。

（四）水中所含之细沙，如漏过 200 号筛者，在渠中各深度之含量颇均匀，惟较重者则有向底下落之趋势。

（五）虽未曾测量滚于河底泥沙之情形，于引水门底部闸门开放时，当有大部滚沙流入亚拉模渠中。

若有每秒 2/3 英尺速率之水，即可搬运所含之细沙（漏过 200 号筛者）于天然河道或渠道内。

因在皇谷中各渠道之沙甚细，且多漏过 300 号筛者，故虽在小支渠中，其平均速率小于每秒 2/3 英尺时，含沙情形，自水面至渠底，其量数亦甚均匀。换言之，在灌溉渠中，以事实上可能之速率，即能将自可仑拉都河所携来之泥沙转布于所灌之田地中。虽然每年自渠道中尚须挑挖许多淤沙，然较之所携之全量，则为数极小。

泥沙分布于田地之情形，因稼禾之种类，灌溉之方法，及因地之坡度而异。若坡度太小，则多淤于放水处，若坡度大，则分布较平均。至于计算每年淤淀之高度，颇有困难，盖以 1 立方单位之干沙重量，颇不一定也。取 1 立方英尺干至裂纹时之泥沙，其中干沙之重，只为 46 磅。若以此计算，灌 3 英尺水，水中含 0. 274% 沙时，则每年垫高 1/8 英寸。

巴克（Parker）灌溉区免除泥沙方法，为有滤清池。可灌之田约 11 万英亩。已灌者约 6000 英亩。灌溉之方法，则为将可仑拉都河水引入于池，再抽高7至14英尺。滤清池即在抽水机室之旁，如图示。自1921至1925年间抽水之量，每年自1.5万增至2.6万英亩尺。滤清池每星期冲刷1次。据称可以免除50%之含沙量。

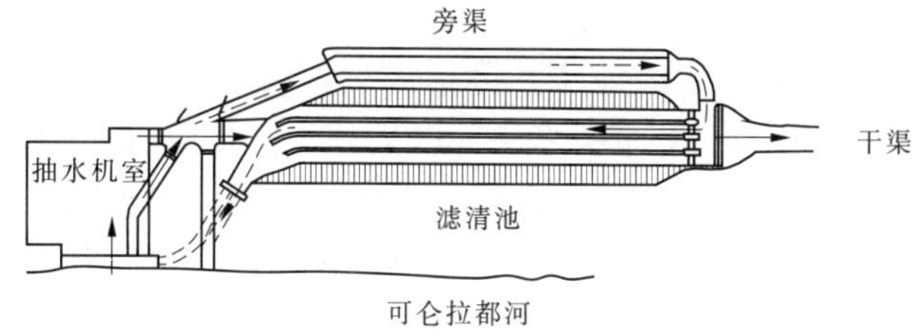

波斯莱斯（Potholes）灌溉区之引水法，则为于可仑拉都河之由马上游12英里处，建拉久纳坝（Laguna Dam），逼水高至10英尺，转流于干渠以灌田。利用此坝之停潴，凡粗粒之沙，皆可沉淀。并于坝墙置有水闸，以便每星期开放1次，冲刷所积之淤。至于此等滤清之效用，经许久之观察，自拉久纳坝以上，河中及干渠含沙之差，知可滤去18%～70%；平均言之，为50%。

滚于河底之泥沙，尚未实际测量，但自间接估计之，以可仑拉都河之由马计，约当全沙量20%。

最后福泰等建议欲减除皇谷一带之泥沙，其最善方法，厥为在博尔德谷（Boulder Canyon）拦河筑一坝，造成蓄水库。虽然在河之下游，仍不免再有冲刷，但因有储水之节制，则用水者，可止用河面之水，泥沙即可更减少矣。然因河中携沙量过多，宜用较高之坝，作蓄水库，盖以若有1200万英亩尺之容量，若无其他新建之蓄水库，则30年中可填淤1/3。欲令该处蓄水库，于100年内不减少2/3之储量时，则坝之高度必为500英尺。若上游更有蓄水库，以作灌溉之用时，则其生命可以延长。

以上所建议之博尔德谷蓄水库，业已兴修，为近年大工程之一。坝名胡佛，高732英尺。于1931年3月4日工程开标，6联合公司以4889.0995万金元得标。其目的除灌溉外，有五：（一）免除水患；（二）改进航运；（三）节制流量；（四）家庭用水；（五）水力发电。关于胡佛坝之详情载于1932年12月之Engineering News Record。

陆塞里（S. L. Rothery）讨论可仑拉都河含沙问题与灌溉，其结论约略如下（详见 Proceedings of Am. Soc. C. E., Dec. 1932）：

（一）于引渠中免除河底滚沙，较之水中含沙更为重要而且易于处理。

（二）在较小之滤清池中，因速率之减低，河底滚沙自可沉淀（因其粒较大），并可用冲刷之法，以去积淤。然除停留池中数小时外，水中含沙，决难沉淀。如此则必需极大之池。是则因管理之不方便，及经济之过费，事实上所不可能矣。

（三）渠中含沙之水，若无滚沙时，对于不能耕种松土田地之开发，甚为有利。

（四）于不可知之数年后，胡佛蓄水库下游，河身之比降变化完成后，因池中流出之水皆清澄，则水中混浊之现象，当可逐渐减少，或至于绝减。

（五）虽水流已清，而河底滚沙亦必常有，盖以自河渠自身及支流中冲刷也。

（六）于引渠进口处，建筑适当之控制机关，即可减除滚沙。其功用及费用，皆较澄滤池为省。

由以上所述，吾人可知河底滚沙与灌溉有利，而细沙则实有肥田之工作。为避免滚沙之流入渠道内，于进口处，加以控制机关即可，甚易办理。渠中虽有 2/3 秒英尺之流速，细沙即不致淤淀渠道，而输入田亩以增肥。

黄河每年之平均含沙量，以重量计，在泺口者为 1.06%，在陕县者为 2.02%（推算法另详），是较可仑拉都者所含实多（前曾言之，该河最大年之平均为 1%，普通为 0.7%）。然自他方言之，黄河之沙较细，有 80% 以上漏过 200 号筛。若按同一情形论（此系假定，特注），能有 2/3 秒英尺之速度，则此等细沙，即不致停淤渠中。其余滚流河底之沙，可用其他方法减除之。其方法为何？一则取河面之水，再则于入引河或干渠前加以滤清。至于蓄水库之方法是否适于放淤山峡之中，以不知其详细，不敢判断，然不适于下游则至显然也。

按取河面之水（其方法详见拙著《黄河泥沙之免除》，载《工程》第6卷第2期)，或可减去30%，盖以皇谷灌溉区，初时约减10%，后则增至47%，以此推之，此数或不过大。再经滤清池则沉淀更少。惟滤清池，不能如巴克者之可以冲刷，盖以黄河水面高于田地也。

水利问题极为复杂，又皆随地而异，不能以一公式而律永久，亦不能以一例而推其余。况泥沙为黄河之一最大问题，则其测量研究，自不容缓。吾国昔日之治河原理，大体皆备，惜无确切之根据耳。昔日陕县、开封、泺口尚有水文测站，今则只余泺口1处。测量含沙为各水文站应有之职务，自不待言。应在河若皋兰、宁夏、五原、托克托、河曲、龙门、潼关、陕县、孟津、开封、濮阳、东平、泺口、蒲台、利津，及各大支河，如泾渭之华县、北洛之蒲城、汾水之河津、伊洛之巩县、沁水之武陟等各次第设水文站，兼测含沙。测量各水位、各时间之含沙量，及其在切面上之分布（即在不同深度，及距岸不同远近，含沙之情形)，将测验之结果，分析其粗细及化学成分。并研究其冲积之情形。

测量为用科学方法治河之初步工作，水文站又为其中轻而易举者，应早日着手。否则对治河之意见，仍多假定之事实，臆想之理论，结果所有设计，多系“猜谜”工作，常有人责称今世无能治河者，然则以缺乏根据及张本之大河，谁能操其必胜之券?治兵亦必“知己知彼”，若欲以科学方法治河，而无科学之根据，非所能也。中西治河家，莫不建议由测量着手，今不是之图，而以治河方策相询问，舍本求末，乌能有所得耶?

再则目光短，喜近功，亦为进行之阻碍。例如有志治河者，皆欲即刻动工，明日见效。若与言测量，则谓须数年之久，何日方有效，殊难耐守也。然河既不治，测量亦永无着手之日。不得不按现在状况，东补西添，而无整个计划，更难论其改进也。

考察美国水利报告(1)

民国33年春，联合国善后救济总署中国代表蒋廷黻先生建议总署邀约中国专家来美考察研究救济事业，以资观摩一案，奉可后，函请行政院选派卫生、农业、社会及水利专家50人，赴美考察研究，为期6至9个月。计参加考察研究水利者8人，为行政院水利委员会委员张含英，技正徐世大、吴又新、蔡邦霖、蔡振，导淮委员会总工程师林平一，扬子江水利委员会总工程师张任及陕西省水利局总工程师刘钟瑞。

民国33年7月5日由重庆飞抵印度加尔各答（Calcutta），因候船，于8月12日始能由孟买（Bombay）乘运输舰（S. S. General Anderson）放洋，9月11日到达美国太平洋岸之落山矶城（Los Angeles，Calif.）(2)。于车票铺位购妥后，9月16日离落山矶，19日抵华盛顿（Washington，D. C.）。

9月23日会同中国其他到美专家，参加联合国善后救济总署讨论会于迈尔兰大学（University of Maryland），为时两星期。目的在于明了总署之使命、政策及其工作，并介绍与美国有关之机构接谈，研究其工作与方针，计共集会22次。

参观考察之内容，可分为河工（包括防洪与利航）、灌溉、水力、港埠以及土壤之保持、工程之管理诸端。水利各门不只其基本原理多相贯通，而每一工程之兴修且可兼达多种之目的。例如，一坝一库之成，可以蓄洪，可以利航，可以灌田，可以发电，事实上有者四者兼顾，有者仅及其一，然其分析归纳之法，设计修造之道，每相离不远。且有互相关系者，如蓄水以发电，即有电吸水以灌田。更有效用相反者，如束窄河槽以利低水时之航行，然或因之而减小泄洪之断面。因此，种种之错综关系，水利同人乃作团体之参观，不以个人之兴趣而单独行动也。

水利事业之研究与举办，或由联邦政府为之，或由州政府为之，或由乡政府为之，然亦有人民组织团体为之者。主办之机构既繁，地点之分布亦异。欲便利短期之参观，与适合战时之环境，似应聚中力量以代表机构所经营之事业为参观之对象，如此行程既易排列，接洽亦易着手。同人等与总署顾问团会商之结果，即选择以下四机关为代表：坦那溪流域公署（Tennessee Valley Authority）、陆军工程师团（Corps of Engineers, U. S. Army）、垦殖局（Bureau of Reclamation）及土壤保持局（Soil Conservation Service）是也。

坦那溪流域公署于1933年5月18日经国会通过组织成立。该署既具政府机关之力量，并有私人营业之弹性与创力。其执掌范围为流域内之航运改进、水力发电、洪患防制、资源之利用以及水利多目标之开发。此外，并举办国防工业，以及补救其时经济衰落现象之事业。成立十余年来，成绩卓著，水电之建树尤为世人所称，故参观之重心亦为水力发电及水利多目标之开发。

陆军工程师团于1863年组织成立，隶属于军政部，设总工程师1人主持之，成立之初，办理普通之土木工程，后则涉及河海各工。总工程师之下又设土木工程处，掌理河海航运以及防洪之事。因依全国各河道流域形势划为11区（Divisions），区设区工程师。每区下又设2至5处（Districts），处设处工程师。全国共计分为44处，参观重心为河工即防洪与河槽之整理是也。

垦殖局属内政部，成立于1902年，主办西部15州之灌溉及垦殖事宜。初因工程之兴修，成立工程处，近亦按地域划为7区（Regions）。迄今建坝以蓄水或引水者，已成165座，修渠2万英里。又于13处工程上，设有发电厂23座。参观之重心为灌溉。

土壤保持局属农业部，成立于1935年。将全国划为17区（Regions），每区辖若干州，州分若干处（Districts），办理保持土壤、防制冲刷之工作。各处之保土组织为由人民之自愿，于申请成立后，即公推董事主持之，政府仅负指导协助之责。土壤保持之工作，在中国初为工程机关所注意，提倡试办之。盖以中国北方河道之含沙量过多，已成为治理之最难解决问题。欲为根本之图，故必自地面之保护入手也。

至于港工，多系由地方政府或私人所经营，则为临时接洽参观。

参观之目的及接洽之行程既定，乃于10月24日离华盛顿，次早到诺克斯威尔（Knoxville, Tenu.）——坦那溪流域公署之所在地也。与公署相处28日，11月22日离诺克斯威尔，仍返华盛顿。研究之方法一为与各主管部门人员之集会与访谈，一为参观已成工程之运用，或新修工程之进展。计会谈之题目19，每次历时2小时至7小时。参观坝与库者七，其二正在建筑，各停留4日。又参观水工试验所一，自报水文观测站一，防疟设备一。其余时间为图书馆内之阅读。

自11月23日起参与陆军工程师团所经办事业之研究。内容可分为两段，一为室内之讨论，一为野外之参观。室内之讨论于11月23日起至12月13日止，计21日。集会36次，其中2次为户外参观。12月15日起作野外旅行，至民国34年1月16日止，共32日。参观之范围为莽脱维纳（Mt. Vernon）之洋灰实验室，密西西比河（Mississippi River）上中下三游与海口，及其大支流，若欧海欧河（Ohio River）、米苏里河（Missouri River）、圣佛兰斯河（St. Francis River）[(3)]、怀悌河（White River）[(4)]、亚京扫河（Arkansas River）[(5)]、亚苏河（Yazoo River）[(6)]及水工试验所，凡概括14区。此行夜间宿于火车者9次，轮船者2次，更换旅馆14处。

1月16日到邓弗（Denver, Colorado）[(7)]，垦殖局之所在地也。在彼停留5日，参与讨论会者4次，野外旅行者1次，参观实验室8种。于1月21日离邓弗，作野外参观，至3月2日止。前后共研究垦殖局所经办事业者45日，概括美国西部8州。约言之，为科罗拉多与大同生（Colorado - Biy Thompson）之灌溉工程，爱大豪州之博野溪（Boise, Idaho）[(8)]、欧瓦西（Owyhee）[(9)]等灌溉工程，哥伦比亚河之大古里坝（Grand Coulee Dam, Washington），加利福尼亚州中央平原（Central Valley）之灌溉工程，科罗拉多河之保德坝（Boulder Dam, Nevada）[(10)]以及印皮尔谷（Imperial Valley, Calif.）[(11)]之灌溉工程，盐河（Salt River, Arizona）[(12)]之灌溉工程等。

此行尚有足述者，即除灌溉工程外，因事先之接洽，得参观陆军工程师团所经办之工程三处，一为哥伦比亚河（Columbia River, Oregon）之下游，一为山可满多河（Sacramento River, Calif.）[13]，以及落山矶河（Los Angeles River, Calif.）等是也。又得市政府之招待得参观西雅图（Seattle, Washington）、古马（Tacoma, Washington）二城之水力发电工程，以及西雅图、波特兰（Portland, Oregon）、旧金山（San Francisco, Calif.）之港工。

3月3日离费尼克斯（Pheonix, Arjzona），于5日到爱我华城（Iowa City, Iowa）[14]。盖承爱我华大学校长之约，特为水利同人，并邀约在美国之其他中国水利人员开一讨论会也。为期一星期，计聚会16次，参观旅行1次。

3月15日离爱我华城，开始研究水土保持工作，至4月3日止，共19日，参观8处。自爱我华州起，南至美墨交界，更东至亚尔版玛州（Alabama），经过中美8州。

4月4日返抵华盛顿。所预定之研究及参观行程皆能如期圆满到达。

此行盛承各主管机关之妥善安排，各区处主管人员之热情招待，与陪同参观人员之诚恳指导，均极为感谢。且值战时，许多禁区，均优为开放；而所遇人员，谆谆解说之情，殷殷敦睦之谊，尤所难忘。

同人等亦每承美国人士之邀，报告中国水利建设之过去与将来，以资印证，或则公开讲演，或则电台广播，亦必就其所知，竭诚相告。

考察美国水利之使命，一以为战后救济之借镜，一以为中国建设之参考。中国水利事业虽有悠久之历史，但自科学方法之输入，则可截然分为两个阶段。而尤以近30年之发展，有显著之进步。

当夫民国成立之初，中央政府之执掌水利事业者，因类而分。如防洪之事属内政部，灌溉之事属农林部，航运之事属交通部，其后关于水力发电之事则由建设委员会掌之。后以鉴于水利事业之计划与管理必须集中统筹，而执行与发展始能配合兼顾，乃于民国22年12月将所有水利事业移交全国经济委员会执掌。又于民国30年9月，成立行政院水利委员会接管全国水利事宜。

水利事业或由政府兴办之，或由人民兴办之。其规程载诸水利法中。其由政府办理者，则又分中央、省与县之别。其关于两省以上者，则由中央政府为之，其关于两县以上者，则由省政府为之。所以如此者，则欲以流域为单位；而不以政治区域为界限也。每一较大流域之中，则由中央政府设置机构，为华北水利委员会、导淮委员会、黄河水利委员会、扬子江水利委员会、珠江水利局等是也。若如各大支流中有特殊之必要者，亦可由中央设立工程局，如江汉工程局、泾洛工程局是也。又为研究试验，中央又专设水工试验处掌之。总之，各流域委员会负该河流计划执行之责，颇能收统筹之效及多目标之发展。

省主管机关为建设厅或水利局，负责计划执行省内各水利之发展。但其计划须经行政院水利委员会之核可，故可配合发展而不相冲突。其他若法团及私人经营者亦须经过核定之手续。

各级机关成立之初，多致力于观测与研究工作，继则从事规划。中日战事发生之前，已大都入于积极进行实施之期，其重要者若华北各河防洪水库及灌溉工程，黄河之筑堤工程，淮河之入海水道及闸坝工程，扬子江之整理工程，珠江之筑堤工程，以及陕西等省之灌溉工程。及至战事发生，各河道下游，沦入敌手，未完工程之停顿，已完工程之摧残，自不待言。而黄河复决于郑州以东花园口之南堤，泛流于河南、安徽诸省，入淮而又害及江苏北部[15]。

然因粮食运输与工业之需求，虽在战事进行之中，对于发展灌溉、整理河槽、计划水力与防止水患之工，不只未稍停顿，而且加倍努力。数年以来，亦有相当成就。但每感物资之缺乏，难得如意之进行耳。

中国面积虽广，而人口亦密，是以营养缺乏，百业衰零，水利事业必为改造中国之一支伟大力量。然中国近代之水利事业虽在进展，实仅为发端。则今后应如何推进以达最高之效率，而收最速之成果，则不揣翦陋，愿供刍荛如次：

（一）中国水利事业之行政由一个机构统筹办理，而事业之执行则以流域为单位，作多目标之建设，此实为最合理之方法。故在美国亦为大势之所趋，且有行之见效者。中国应坚其主张，充其力量而贯彻之。

（二）中国水利事业之待办者甚多，但资源之蕴藏及其可能之发展，殊少确切之勘测与筹划。但此等工作实为事业之胚胎，国家大计，应奠百年之基。目前亟待举办之事业固多，但应视此基本之准备工作为最急需之一。

（三）美国近年水利事业之发展，实有一日千里之势。然一考其进步之过程，则每机关必设有研究室与实验室，作反复之探讨，及经年之观察，实为成功之重要因素。此种精神与设备应为中国所效法。

（四）美国素为注意人民自由发展之国家，但对于垦殖事业中之灌溉工程，数十年来，始终抱定由联邦政府拨定基金举办之政策，未稍变更。因之荒漠之区化为沃壤，民生国计，利赖实多，可作借镜。

（五）美国近年来水利建设盛采多目标制度，例如为防洪而举办之工程，往往兼及航运、灌溉或水力发电，反之为水力发电而举办之工程，亦多兼顾防洪及其他需要，盖一举数得，利莫大焉。中国战后之水利建设颇多，无论为中央或地方负责办理者，在不违反经济原则及工程条件之内，应尽量采行多目标之发展。

（六）中国水利人才虽经多年之训练，但以今日急切之需求，仍嫌不足，证诸美国之成就而益信。应在国内扩充训练，并多派有经验而有工作对象之人员出国考察研究，且可聘请友邦具有热心，富有经验之专家，作技术上之协助。

（七）遣派出国考察研究或实习人员于按事业项目，如灌溉、防洪等之分配外，应指派专人研究特种科目如水文测验、基础凿探、水工建筑设计、水工营造、结构设计、水工机械、水工试验、土工试验等。

（八）中国水利事业之兴修，大部仍仰赖于人工。将来事业益繁，则人工必感缺乏，且有许多工程势非藉机器之力不能举办者，今后应酌量多用机器并训练机工。

（九）土方工程无论在过去与未来，在中国均占有重要位置。对于土工理论、工作方法及工具使用，应切实研究，以应筑坝修堤之需。

（十）中国水文观测之设备极为欠缺，应多事补充。尤应引用自记测验仪器。对于此种仪器并可提倡自造。至于水文观测之新方法及资料之应用，亦应多加研究。

（十一）中国西北水利建设，应以灌溉为中心，以储蓄之法，增加水源，并可藉以发电抽水，而溉高处之田。又因上游之储蓄，并可减低黄河下游之洪流。

（十二）黄河为患，泥沙为其一大原因。故在西北对于土壤之保持最为重要。应加以研究提倡并力为推广。

（十三）各河之防洪设施，应注意于其上游及其支流之蓄水工事，并注意于多目标应用之发展。

（十四）中国水运系统计划应早日完成。尤应注意于南北交通线之发展。

（十五）关于各河可能利用之水力，应由各河流域主管机关从速调查、勘测、估计，以为工业化之基础，并作多目标发展之张本。

（十六）中国战前已经核定之各项工程计划，为多年研究之结果。现应作继续或创修之准备。设有重校之必要者，亦应立即指派专员负责办理。

（十七）因战事之发生，黄河于花园口决口，全部南流，漫无轨道。若此口不早日堵复，不仅豫皖苏之水灾不克减除，而泛区一带农工业之恢复，必皆受阻挠。故战后之黄河堵口，实为最急之救济工作。

（十八）黄河改道之后，旧堤残破已极，设不能于大河回复故道之前整理完备，则必此堵彼决，难于善后。其他如长江、淮河、珠江，以及华北各河等重要水道之堤防，亦受军事之摧残，破坏不堪。如不于战后早事修培，则水灾有随时暴发之可能。一切救济工作，俱成画饼。

考察美国水利报告计分中英文两份。英文本送联合国善后救济总署及中国代表团，述及考察经过及与救济有关之建议事项。而中文本则所以供中国政府之参考，并详及各项工程内容之叙述焉。各章由考察之同人分别担任主稿，计分配如次：徐世大担任 T. V. A. 及城市之光各篇；蔡振担任陆军工程师团水工学术讨论会一篇；林平一担任欧海欧河及密西西比河上游各篇；张含英担任密苏里河及密西西比河中游、下游、海口，及其他支流各篇；吴又新担任落山矶河、山可满多河、白纳维尔坝及日程各篇；蔡邦霖担任垦殖局、大同生河计划及港埠各篇；刘钟瑞担任博野溪、欧瓦西、大古里坝及哥伦比亚河、加州中央平原区、可罗拉多河下游，及盐河等灌溉工程及保德峡之工程各篇；张任担任水土保持及爱我华大学水利学术讨论会各篇，至于绪言一篇则由张含英执笔，而建议事项则为公议所决者也。

注：（1）1944 年春至 1945 年春，应联合国善后救济总署之邀，行政院水利委员会选派张含英等人赴美考察、研究水利，结束后由众人写成《考察美国水利报告》，本文是该报告绪言部分，由张含英执笔。

（2）落山矶城（Los Angeles，Calif.），今译为洛杉矶城。

（3）圣佛兰斯河（St. Francis River），今译为圣弗朗西斯河。

（4）怀悌河（White River），今译为怀特河。

（5）亚京扫河（Arkansas River），今译为阿肯色河。

（6）亚苏河（Yazoo River），今译为亚祖河。

（7）邓弗（Denver，Colorado），今译为丹佛。

（8）爱大豪州之博野溪（Boise，Idaho），Boise，今译为博伊西河；Idaho，今译为爱达荷州。

（9）欧瓦西（Owyhee），今译为奥怀希。

（10）保德坝（Boulder Dam，Nevada），上文中有译为博尔德大坝之处，今译为博尔德坝。

（11）印皮尔谷（Imperial Valley，Calif.），上文中译为皇谷，今译为因皮里尔谷。

（12）盐河（Salt River，Arizona），今译为索尔特河。

（13）山可满多河（Sacramento River，Calif.），今译为萨克拉门托河。

（14）爱我华城（Iowa City，Iowa），Iowa City，今译为爱俄华城；Iowa，今译为爱俄华（州）。

（15）此指 1938 年 6 月国民政府军掘开花园口黄河大堤水淹日军，当时国民政府对内对外宣称此处系被日军飞机炸决，国内外舆论一时难明真相。

三　黄河治理开发的新纪元

治理黄河新的里程碑[1]

在全国人民代表大会第二次会议上，邓子恢副总理代表国务院作了《关于根治黄河水害和开发黄河水利的综合规划的报告》。这个规划是治理黄河历史上的一个新的里程碑。

我国人民整治黄河有数千年的历史。历代黄河流域的广大人民通过同洪水的顽强斗争，不断地丰富了治河的经验。相传大禹治水用疏导的方法，在下游大平原的东北部把河分为九股，以杀水势。汉代王景治河（公元69年）采取了修堤、护岸和疏浚的方法。元代贾鲁治河（公元1351年）用分导各股河流、浚深淤塞河道、堵塞决口并巩固堤岸等方法（就是所谓疏、浚、塞三法）。到了明代潘季驯治河（约在公元1565～1592年间），更提高了修堤的作用。他主张“塞旁决以挽正流，以堤束水，以水攻沙”。就是说要维持一个整一的河道，不要分疏，堤距不要太宽，以便于集中水流，冲去泥沙，免使河槽淤淀。明代修堤已分遥堤、缕堤、格堤、月堤四种。缕堤近河，用以约束水流，意在束水攻沙。缕堤以内又筑月堤，作为前卫，以免水流直冲缕堤。遥堤在缕堤以外，作为第二道防线。遥堤和缕堤水[2]间又筑格堤，为的是缕堤决口以后，防止水流顺遥堤而下，免致冲成河道。此外，还制定了缜密的防堤制度和修守方法。

黄河的特点首先是洪水涨落很快，也就是说，水涨很高，但持时不久，水落不久以后，可能又有一次涨水。其次是黄河携带大量泥沙，孟津而东，水流渐缓，因而淤淀河身。针对这种自然情况，为了消杀从山区刚进入平原的水势，为了不使河槽淤高太快，古代人民在河南省的一段采取了宽堤距的办法。自郑州而下，两堤相距一般在10公里以上，在夹河滩一带宽约20公里；至兰封以东才逐渐收缩。这段宽河槽便成为消杀猛涨的湖泊，可以调节一般年的洪水。此外，水涨漫滩，漫滩流缓，泥沙便可以沉淀在两岸的滩上，堤距远，河滩宽，沉淀的范围广，河槽的淤高也慢了。由此可见，上段的宽堤距可以滞洪落淤，下段的窄堤距可以束水攻沙。

保护临河的堤，免受水流的冲刷，也是我国人民治河中早已注意的问题。我国很早就有石护岸。汉代贾让《治河策》（公元前 7 年）所说的石堤即是一例。《宋史 · 河渠志》载："太宗淳化二年（公元 991 年）设巡河主埽使臣，巡视河堤。"埽，就是用梢、苇、秸或草所制的护岸。这种方法直到现在还有些地方在采用。

我国很早以前，也已采用溢流的办法，防御黄河的非常洪水。明代潘季驯治河时在堤上修的减水坝，就颇似现代的溢洪堰或分水堰，在水涨到一定高度而有漫堤决口的危险时，可以由减水坝溢流。洪泽湖大堤上现在还留着清代所修的几座减水坝。

古代人民治理黄河虽然有许多创造，积累了许多经验，对于下游大平原的农业生产起了一定的保障作用，但是在封建统治下，治河经验的成长和所得的效果，是不能不受到限制的。

首先，封建社会治理黄河是以保护地主、贵族、皇室的利益为主的。例如，明代治理黄河主要就是为了维持皇朝航运和保护皇族祖陵。那时黄河走南道，经徐州、淮阴，夺淮河自云梯关入海。明代祖陵在泗州东北，黄河和淮河之间；皇陵在凤阳，在淮河以南（见祖陵图说和皇陵图）。黄河泛滥便侵及明代祖陵，所以保护祖陵便成为治理黄河的一个主要任务。当时明代建都北京，南北交通主要依靠运河，而运河自淮安以北到徐州的一段是藉黄河通行的，所以明代治理黄河又是为了沟通运河，不使阻塞航道，以便运输粮食，供给统治的大本营。潘季驯在《停寝訾家营工疏》的奏章里说道："祖陵当护，运河可虑，淮民百万，危在旦夕。"指出了当时治河的三大目的。潘季驯又在《申明河南修守疏》的奏章里论及河南省的工程，说道："缘非运道经行之处，耳目所不及见，人遂以为无虞，而岂知水从上源出，运道必伤。"建议对河南省的堤工也应加以修理防守，并且说如果不加注意，将妨碍统治阶级所关心的运道。由此可见，明代治黄主要考虑的是祖陵、是通向京城的运道。

其次，封建社会治理黄河是分散的，成为割据的形势。例如，黄河在贺兰山以东和狼山、乌拉山以南的灌溉，以及泾河和渭河的灌溉，都有悠久的历史和成效，但都是分散的，且随着时代而有盛衰。至于主要的治河工作，大都限于下游大平原，这段河道有时设专官管理，有时由地方官兼管。就在这一段内也常有上下游、左右岸以及各地区间的矛盾，不能得到统一的治理。清咸丰五年（公元 1855 年）黄河从铜瓦厢决口北流。当时安徽的李鸿章代表安徽、江苏的意见不同意堵口，主张黄河从决口向北流，山东巡抚丁宝桢代表山东的意见要求堵决口，主张黄河归故道。双方争执不下，在 20 年间，既没有堵口，也没有在山东修堤，致使决水泛滥横流。又如汉武帝元光三年（公元前 132 年），河在瓠子决口。这时武安侯田蚡为丞相，他做官的收入来自鄃，鄃在黄河北边。黄河向南决了，鄃地免除了灾害的威胁，收成丰足。田蚡对皇帝说："江河之决皆天事，未易以人力疆塞，塞之未必应天。"所以很久没有堵口。"以邻为壑"乃是这种社会里必然的结果。1855 年黄河改道以后，河南、河北、山东三省的河防也存在很大的矛盾。如果黄河在河南省兰封县以东和河北省的南岸决堤，受灾的地区主要在山东省。山东省对这两个地区的河防虽然很关心，却不能越境治理。因之，这一段的堤防便不能很好地培修和防守，成为决口频繁的地区。

由于封建社会的限制，人民和黄河斗争了几千年，终究没有改变黄河"善淤、善决、善徙"的特点。根据历史文献的记载，黄河下游在 3000 多年中决口泛滥 1500 多次，大改道迁徙 26 次。单从这个数字，就可以知道黄河灾情的严重。人民喜欢这个孕育我们民族历史的地区，数千年如一日地征服黄河、利用黄河，但也一直生活在频繁的灾害中。

1840 年鸦片战争以后，资本主义国家侵入我国，随着也输进了现代科学，治河的策略也有所改变。但是在半封建半殖民地的社会里，只有因袭封建社会的办法，仍然在下游从事堤防，措施上毫无增添。策略的改变，也只限于纸上的谈论。

一些资本主义国家的技术人员，也曾提出过治理黄河的意见，但无论是美国的费礼门、德国的恩格斯和方修斯都没有研究过黄河堤线的发展，对黄河水流及泥沙的性质也不够了解，所以他们没有能提出根治黄河的意见，即便是对下游修堤的建议也多偏于空想。

第一个针对为患下游的洪水和泥沙的来源而提出根治黄河意见的人，是我国著名的水利专家李仪祉。他在 1931 年倡议“导治黄河宜注重上游”。他主张的治理方法是防止泥沙流入河道，尤其着重在西北黄土高原上广开沟洫，沟壑里多修谷坊；在山西、陕西、河南各省支流修水库，以拦蓄过量的洪水；固定下游河槽，以中水为准则。李仪祉的主张使我国治河策略向前推进了一大步，为治河史上开一新页。古人也知道黄河灾害的来源，如清康熙年间（公元 1677 年左右）陈潢说：黄河的干流很长，流入的水也多，所以水势汹涌湍急；西北的土性松浮，遇到湍急的水流，便随水而下，所以河水变浊；到了下游，因河水浊而易淤，淤就容易使河决。但是那时的科学技术还不发达，提不出修水库的办法。清乾隆年间（公元 1743 年左右）胡定也有在西北拦沙的建议，他说：黄河的泥沙大多来自三门以上和山西中条山一带的沟涧里，请在各沟涧口修筑坝堰拦阻，大水时，泥沙淤留在沟涧里，渐成一块平地，可以种秋麦。我国农民也有丰富的防御土壤冲蚀的经验，到现在还广泛地流传着。李仪祉接受了我国旧有的经验和输入的科学，对于治河策略的发展有很大贡献。但他的主张在当时的社会里是不能实现的，因此也只限于谈论。

1937 年日本帝国主义发动侵华战争后，为谋取我国水力资源，也曾做过治理黄河的初步计划。这个计划的主要内容是水力发电，用以发展日本帝国主义在华的工业；水流在各级发电利用之后，才灌溉下游平原的农田。由于各水库的蓄水主要照顾到发电，所以对于其他利用的调节量较低，灌溉面积不多，而对于防洪的控制也不够。姑不论这个计划在技术上的缺点，单就它的本质说，是一个十足的殖民地计划，只考虑利用我国的水能，开发我国的矿藏，发展帝国主义的工业，丝毫没有考虑黄河流域农民的生活。

我个人早年也曾提出过治理黄河的意见，那时我认为发展农业是主要的。所建议的八里胡同水库和三门峡水库便以防洪为主，其他水库则多以灌溉为主，所发电力也主张多用于提水灌溉和制造肥料。这个意见和日本人以发电为主的策略恰恰相反。但由于我对农业的认识很肤浅，更重要的是轻视了工业，所以当时我对治理黄河的意见也是片面的。

1947年春天，美国所谓“治黄顾问团”也拟了一个计划。这个计划更是形同儿戏。顾问团的3个美国人，乘飞机在黄河上看了一下，就送出关于这个计划的报告。这个计划的荒唐，单从它的一项具体意见是怎样得来的，就可以看出来。报告里的“实地查勘”节下说：“1947年1月1日，自西安乘机返开封，沿河飞行，特别注意查看八里胡同坝址，就空中观察之印象，认为宜建高坝。”试想：他们从没有到过八里胡同，那时关于八里胡同的资料也很少，怎么能决定坝址呢？这完全是愚弄人。

鸦片战争以后，虽然在治河策略上有所推进，也开始研究水流和泥沙的来源和规律，对于水文观测和地形测量作了些工作，并且逐渐把这些工作推广到黄河的上游、中游和支流上去，但在治理黄河的实际工作上毕竟没有什么进展；特别是在国民党反动统治时代，黄河为害更甚。

中华人民共和国成立以后，才有了根治黄河的可能。人民政府领导群众首先为求得黄河下游不至于决口改道进行了巨大的工作。黄河下游两岸长1365公里的大堤，经过历年的培修，堤顶高度，在河南省境超过1933年洪水位2至3公尺，在山东省境超过1949年洪水位2至2.5公尺，共添加土工1亿多立方公尺。不仅堤身高度和厚度增加了，堤的质量也提高了。过去的堤身真是千疮百孔，经过几年来的努力，共锥探5800多万眼，填塞洞穴、裂缝7.9万多个。这些洞穴和裂缝大小不等，动物的洞有的直径6公寸，长100公尺，裂缝有的宽4公寸，长20多公尺，已埋在堤内的人挖的洞有的宽1公尺多，长30公尺。这些都是黄河的隐患，是过去河水还淹不到堤顶时就溃决的原因。此外，过去临水的秸埽现在已经全部改为石护岸，300万立方公尺的石工和砖工，大大地增强了防御洪水冲击的力量。

这些措施虽然加强了防御洪水的物质基础，但还不能消除洪水的威胁，所以又在长垣县境黄河左岸石头庄附近修了一道溢洪堰，分泄一部分洪水，流经左岸大堤和金堤之间作为滞洪区，以减少正河流量，并把沁河同黄河交汇处和山东省的东平湖作为蓄洪区，以为临时分蓄洪水之用。又在利津县境黄河右岸小街子附近修有凌汛溢水堰，为在冰坝壅塞时分流之用。这都是防水的非常措施。

除坚强的堤防和非常的措施外，还有经常的保护工作、防守工作和大水期间的临时防御工作。经常的工作由经常设立的机关和工程队担任。防汛工作则有临时组织，以加强领导，并设立防汛预备队，以便在大汛期间遇有紧急情况时上堤。这种组织严密有效，对于历年防御洪水起了很大的作用。以 1952 年为例，在大水期间成立了黄河防汛总指挥部，又建立 3 个省指挥部（那时还有平原省），10 个专区指挥部，46 个县指挥部，150 个区村指挥部，582 个乡指挥部，6774 个村指挥部。在发动群众方面，组织了一支包括防汛员、抢险队、运输队、预备队等 57.9 万人的防汛大军，并准备了工具和抢险用的料物。这种防水的组织和防水的物质基础便成为战胜洪水的有利条件。

这些措施保证了 3000 多年来平均两年多有一次决口泛滥的黄河在人民掌握政权的这些年来平安地度过伏秋汛期，保障了下游人民生活的安全和农作物的收成。

但是，治理黄河的这些初步效果，并不足以根除水患，更不能进而利用黄河的资源，满足社会主义建设的需要。过去有很多人认为黄河是个“败家子”，只要能祛除灾害，赶快把水引到海里去就心满意足了，却不知水也是一种宝贵的资源，可以利用。特别是黄河，无论就自然条件或经济条件来看，都有巨大的开发价值。这种彻底改造黄河，把害河变为利河的理想，只有在新中国才能付诸实现，为了实现人民对黄河“利必尽兴、害必根除”的要求，为了开发黄河，以利国家，特别是内地的工业和农业的发展，几年来进行了规模巨大的调查、测量和研究工作，最后在苏联专家的帮助下编制了黄河综合利用规划，确定了治理黄河的最先进的策略，规划了无限美好的远景。

首先，黄河综合利用规划确定要在经济上合理地、技术上正确地利用黄河流域中的水流和土地资源，为国民经济的各个部门服务。因之，工作的地区将不仅限于下游或任何一部分，而是以全流域为对象，包括干支流和土地。工作的目的将不仅为了防洪或任何一项利用，而是综合地开发，也就是服务于国民经济的各种项目。工作的要求将不仅是求得技术上的可能，而且必须达到经济上的合理。工作的方法不是各项工作齐头前进，而是按照国民经济计划，分别轻重缓急，有次序地进行。这种从整个国民经济计划出发来确定的治河策略，是唯利是图的资本主义社会所不可能有的，也是分散、割据的，在技术上落后的封建社会所不可能有的。因之，我们当前的治理黄河策略是最先进的，是属于社会主义类型的，也是在治理黄河历史上最完善的策略。

首先，黄河综合利用规划在土壤改良方面，也就是在利用灌溉以增加农业生产方面，预定对黄河干流和支流的水源要全部加以利用。根据技术上的调查，这是可能的，而且，黄河流域和它邻近地区需要并可能灌溉的土地数量极大，黄河水源全部调节后也还不够灌溉这些土地。黄河综合利用规划按照各省经济发展的远景情况和土壤条件，作了若干个不同灌溉方案，规定了灌溉总面积和不同地区的面积；同时也考虑到引水建筑物的可能性，以及水流在其他利用方面的有利配合。至于不能应用黄河水灌溉的土地，就须另找地下水或其他河流的水源。

其次，在水能利用方面，黄河综合利用规划根据黄河流域和它邻近地区最近三个五年计划中的工业发展的远景，根据对水文、地形和地质勘测资料的研究及各个坝址的比较，参照水流利用的计算，拟订了黄河干流的阶梯开发方案。所谓阶梯开发，就是在河流上修一系列的拦河坝，把河身造成类似阶梯的形状，利用坝来蓄水、来抬高水头、来发电。其中有几个拦河坝在不同地区造成大蓄水库，以调节水流。大水库是综合开发的关键措施，它们不只可以拦蓄水流供给灌溉、发电等各种利用，还可以调节洪水，避免水灾。

再次，在航运方面，根据经济的需要和其他水利工程的进展，黄河综合利用规划拟订了黄河航运的开发布置。

最后，为了减轻水库的淤积，为了增加黄土高原的农产，研究了水土流失的规律和它对于经济的影响，研究了农民水土保持的经验和各地试验站的成果，黄河综合利用规划拟订了防御土壤冲蚀和拦沙的措施，并估计了这项工作在15年内冲蚀减轻情况和农产的增益情况。

根据这样研究所拟订的远景方案，结合当前的需要和可能，黄河综合利用规划进一步制定出黄河综合利用的第一期各项措施。第一期工程完成后，就可以基本上解除黄河水灾的威胁，并为各项利用创造有利的条件。

中国人民治理黄河虽然有悠久的历史，积累了丰富的经验，但是只有在中国共产党和毛主席领导下，我们才找到了治理黄河的最正确的道路。我们有决心克服一切困难，为实现黄河综合利用规划所规定的任务而奋斗。

注：（1）作者时任水利部副部长。

（2）水，似应为“之”字。

根治黄河水害和开发黄河水利的综合规划的优越性

中华人民共和国第一届全国人民代表大会第二次会议，于1955年7月30日，通过了关于根治黄河水害和开发黄河水利的综合规划的决议。这是在我国历史上第一个彻底消除黄河水害，充分地、正确地利用水流和土地资源的伟大计划，它具有高度的科学性，它集中地体现了千百年来我国人民的愿望，它可以满足现在的社会主义建设时代和将来的共产主义建设时代整个国民经济对于黄河资源的要求。

一、从最高的综合效益出发

这一个计划包括根治水害（也可以简称为防洪）和开发水利，而水利大约又包括发电、灌溉、航运等项。这几项对于水流的要求是不相同的，而且互相之间有一定的矛盾，适当地解决这些矛盾，是水利工作上的一个错综复杂的课题。

在过去曾有除害与兴利相对立的争论。实际上我国历代治河多为对于下游大平原水害的防御，对于中游和支流虽有利用灌溉的，但只是局部的、分散的经营。等到有了兴修水库的建议，便引起了兴利与除害谁为首要的争论。水库可以拦蓄洪水，可以调节水流，是控制水流的有效工具。但是修建水库必须选择适当的地点，而水库的容积也常受一定条件的限制。因之有时便不能充分地满足各方面的要求。例如，为防洪计，便希望水库在汛期以前放空一部或大部，以便拦蓄将来的洪水。在大汛期内，一次洪水过后，也希望放空一部或大部，以迎接第二次洪水。但是为利用水流计，便希望水库常满或尽量拦蓄，以供给最大限度的需用。这便是防洪与兴利对于水流要求的矛盾。

发电宜于经常有比较均匀的水流，库内有较为固定的水位，以便能有较均匀的发电量。同时，发电只使用水，并不消耗水，水流经过上游的发电站以后，除蒸发、渗漏的损失外，到下边的发电站仍可使用，可以一级一级地一直使用到海口。可是灌溉用水是有季节性的，为了水流能发挥灌田的最大作用，最好是集中在农作物需水的季节放水，平时尽量蓄储。同时，灌溉要消耗水，水到地里以后，就不再回入河道。可见要多发电，灌溉就要相应地减少，要多灌溉，发电就得减少。即专就灌溉用水说，也有上下游的矛盾。设若在河道的上游灌溉面积大了，下游灌溉面积就要相应地减少，反转来说，情况也是一样。再则，如若少灌溉上游的农田，在上游便可有较大量的水流发电，经以下各级水电站发电，到了下游还可以再用作灌溉。因之多灌下游农田与发电用水的矛盾也可以减轻。航运用水与发电用水的要求相同，但和灌溉用水便有矛盾。这便是在兴利各方面对于水流要求的矛盾。

解决这些矛盾的基本原则是根据国民经济发展的要求，从最高的综合效益出发，以满足于国民经济建设中的各个部门，而不是仅仅满足于某一部门的利益。再则是根据技术的条件，利用和改造自然，以便能发挥其最高的功用，而配合经济的要求。换言之，就是要在经济上合理地、技术上正确地利用黄河资源，来为国民经济的各个部门服务。

根据以上原则，经过精密而反复的研究，便计划在黄河干流从青海省海南自治州龙羊峡起到下游修建 46 座拦河坝，因此黄河流域将发生如下的变化：

第一，黄河洪水的灾害可以完全避免。

第二，黄河干流上 46 座拦河坝可以发电 2300 万千瓦，平均每年发电量达到 1100 亿度。黄河支流上水库也可以发电。

第三，干流和支流上的蓄水可以灌田 1.16 亿亩，占黄河流域需要由黄河灌溉的全部土地面积的 65% 强。

第四，在 46 座拦河坝修成并安装过船装置以后，500 吨拖轮将能由海口航行到兰州。

二、以全流域为对象

过去防御黄河水灾都是在黄河为患的形势已成以后，在下游修堤，所以黄河终不得根治。根治水害，必须从为患的根本原因上下手。而开发水利，又必须充分地利用黄河的资源。因之治理黄河将不仅限于下游或任何一部分，而是以全流域为对象，包括干流、支流和土地。否则，便难以达到最高的综合效益的要求。

黄河为患下游大平原的原因，大约可分为二：首先是黄河流域多暴雨，每年降雨量的一半左右经常集中在7、8两月。暴雨常造成猛涨的洪水。如河南省陕县的多年平均流量是每秒1300立方公尺，但在1933年夏季的最大洪水流量曾达每秒22000立方公尺，在1843年（清道光二十三年）的最大洪水流量据调查后的推算达每秒36000立方公尺，因而都造成严重的水灾。其次是黄河携带大量的泥沙，它的数量是世界上任一河道所不能相比的，黄河在河南省陕县的多年平均含沙量是每立方公尺水含沙34公斤，最高的记录则达580公斤。每年黄河经过陕县带到下游和海口的泥沙平均达13.8亿吨，所以下游河身逐年淤高，两岸堤身也必逐年随之增高，因之成为“地上河”。现在河槽高于两旁地面数公尺到10公尺不等。泥沙河在泥沙滩上行走，河槽当然很难固定，所以易于决口，而决口后的水流就下，便有一去不返（改道）之势，于是黄河便形成“善淤、善决、善徙”的局面。根据历史记载，在过去3000多年间，黄河下游决口泛滥1500多次，大改道迁徙26次，造成人民生命财产的惨痛损失。历代的广大人民通过和洪水的顽强斗争，不断丰富着治河的经验，创造了许多优良的治河方法，对于保障生命安全和农业生产起了重大的作用，但是限于社会条件和科学的、技术的条件，水害终不能根治，水利也没得到开发。黄河便蒙了“败家子”的恶名。

根据观测和研究，黄河暴洪和泥沙的来源主要是从黄河河套向南折以后，即从内蒙古自治区托克托县河口镇以下的流域面积上来的。根据测算，在陕县黄河的巨量泥沙中，来自河口镇以上的只占10.9%，暴洪也是来自这片面积上的三个地区，即：山西和陕西交界的各支流，渭河水系（包括泾河及洛河）和河南西部及伊、洛、沁等支流。设若这三个地区的两个或三个同时遭遇暴雨，下游便发生特大洪水。大部泥沙也是从这几个地区的黄土高原上冲刷下来的，土壤流失严重地区，每平方公里每年约冲去土壤1万吨，大约相当于地面每年平均降低8公厘。在整个黄河中游地区（即从龙羊峡到河南省成皋县[1]桃花峪）每年每平方公里约冲去土壤3700吨。

若专为防御下游水患计，在上述地区进行治理是可以根除的，但是谈到开发水利就很不够了。

黄河的资源主要有两项，一是水流，一是落差（包括有利的地形和地质条件）。黄河的暴洪虽然来自上述的中游的一些地区，但是经常的水源却大部来自兰州以上。兰州以上的流域面积虽仅占全流域的1/3，而黄河经兰州下送的水流却占入海总水量的7/10，这是黄河的极为优越的条件。兰州位居高地，水量既多，便说明水能的蕴藏量很大。兰州以下的流域面积很大，因之可以灌溉的田地范围便广。再则，黄河发源于海拔4000多公尺的高原，流经群山，沿河山谷有着可以修拦河坝及大水库的优良地形和地质条件。因此，有修建大水库调节水流的条件，有修建拦河坝集中落差（也叫作水头）的条件。尽量地利用水流，尽量地利用落差是最高利用黄河资源所追求的目标。所以计划利用黄河资源就必须从全河流及支流来全面考虑，否则就会带来盲目性和偶然性，不能得到正确的开发。

还有一点，黄土高原的土壤冲刷不只为下游带来灾害，也为这一地区带来了灾害。肥沃的表土大量而迅速地冲去，土壤的发育赶不上冲刷的速度，因之土地瘠薄，生产低落。再则广大的高原经过长期的冲刷，变成了千沟万壑的形状，有的高原已成为梁或峁的形状，耕种面积日益削减。为了增加农业生产，黄土高原的水土保持便成为这一地区的重要工作。同时，为了减轻水库的淤积，延长水库的有效年限，水土保持工作也是十分重要的。因此，水土保持便成为根治和开发黄河的主要内容之一。而这项工作又是在广大面积上进行的工作。所以说，治河应以全流域为对象便更具有特殊的重要意义。

此外，黄河流域有广阔的肥沃土地，现有耕地面积占全国耕地面积的40%。但是雨水不调，经常干旱或产量不高，例如黄河流域的谷物播种面积虽约占全国的38%，而粮食产量只占全国的28%左右。黄河流域又有丰富的煤、石油、铁、铜、铝和其他大量矿藏，工业正在迅速地发展，许多新的工业城市和工业基地正在建设。黄河资源的开发，也必须配合这些要求。

所以根治和开发黄河必须以全流域为对象，作综合的规划。

邓子恢副总理在《关于根治黄河水害和开发黄河水利的综合规划的报告》里说：

为了在黄河的干流和支流内并在黄河流域的地面上控制水和泥沙，需要依靠两个方法：第一，在黄河的干流和支流上修建一系列的拦河坝和水库。依靠这些拦河坝和水库，我们可以拦蓄洪水和泥沙，防止水害；可以调节水量，发展灌溉和航运；更重要的是，可以建设一系列不同规模的水电站，取得大量的廉价动力。第二，在黄河流域水土流失严重的地区，主要是甘肃、陕西、山西三省，开展大规模的水土保持工作。这就是说，要保护黄土使它不受雨水的冲刷，拦蓄雨水使它不要冲下山沟和冲入河流，这样既避免了中游地区的水土流失，也消除了下游水害的根源。

从高原到山沟，从支流到干流，节节蓄水，分段拦泥，尽一切可能把河水用在工业、农业和运输业上，把黄土和雨水留在农田上——这就是控制黄河的水和泥沙、根治黄河水害、开发黄河水利的基本方法。这便是黄河流域规划的总方针。根据这个方针所拟订的计划，便能达到黄河资源的最高的利用。发电远景计划利用龙羊峡到海口全部落差的83%。关于水量的利用，除水库的蒸发、渗漏等损失及其他小量用水约占全部水流的10%外，其余全部用于灌溉。15 年内减轻黄土高原土壤冲刷的25%～35%，增加当地农业生产量的一倍。在同一时期完成计划中的支流拦泥库以后，则流入三门峡的泥沙可减少一半左右。

三、运用了辩证的思想方法

这个规划是运用科学方法来解决各项矛盾的良好范例。现在很简略地谈谈。

治理黄河的方针既然是“节节蓄水，分段拦泥”，也就是把变化不定的水流储蓄起来，加以调节，以供给各项经济的利用。然后根据各项需要加以平衡，以发挥最高的综合效益。因为黄河是条大河，便根据自然和经济情况划分为若干段。黄河上游，即龙羊峡以上的情况还不很清楚，暂划为一段。中游分为四段，即：从龙羊峡到甘肃省金积县境的青铜峡为第一段，青铜峡到内蒙古自治区的河口镇为第二段，河口镇到山西省河津县境的禹门口（龙门）为第三段，禹门口到桃花峪为第四段。桃花峪以下到海口划为一段。

根据黄河干流的技术条件，龙羊峡、刘家峡（甘肃省永靖县）、黑山峡（甘肃省中卫县）、三门峡（河南省陕县）四处可以修建大水库，对于水流可以作多年的调节，就是不只可以调节冬季与夏季的水流，而且可以调节枯水年与大水年的水流。

那么，现在看看防洪与兴利以及兴利的各项对于水流的要求的矛盾是怎样来解决的。龙羊峡到青铜峡间河道穿行山岭之间，河身坡度很陡，水力资源很富，而新的工业区域正在迅速发展，所以需要着重利用水力发电，同时可以利用蓄水来防洪和灌溉。青铜峡到河口镇间两岸是山谷间的平原，土壤肥沃，但是缺少雨水，河道开阔，坡度平缓，因此主要的任务是发展灌溉和航运。但是这一段的水流利用必须依靠上一段大水库的调节。河口镇到禹门口间又进入峪谷，河道坡道很陡，但因地质条件和地理条件的限制，不能修建大拦河坝和水库，只有在第一段调节流量的大水库建成以后才能利用水力来发电。禹门口到桃花峪间在陕县以上河道开阔；陕县到孟津是峡谷地带，这一段是控制下游洪水的关键地段，又靠近邻近各省的工业区，因此在这里的主要任务是防洪和发电；孟津以下到海口基本上是平原，河道平缓，可以修建引水用的拦河坝灌溉附近的重要农业区，并适当地考虑航运。

根据这样的分析，在各段上都分出了主要和次要，矛盾便可以解决。例如，三门峡水库首先应当照顾防洪和发电的要求，次为灌溉，再次为航运，那么，三门峡水库的运用就有了依据。再如，青铜峡以上的各大水库首先应当照顾发电，其次是照顾这一段的防洪和灌溉要求，并且要照顾下一段，即青铜峡以下的灌溉和航运的要求等。由此可见，虽是分段研究，但是互相制约，互相发展，仍以全面的、综合的利益为出发点，并非孤立地、割裂地来处理。这便是根据经济和技术条件，正确地运用科学方法来解决这一个错综复杂的问题。

再举一例，黄河流域的土地宜于利用黄河水流灌溉的面积很多，超过了黄河水源所可能供给的限度。因此，便根据各省区的农业生产计划、土壤条件、地形条件等，作了若干种不同的方案。例如，对各省的灌溉面积作出不同的配合，进行详密的研究。最后方案的选定也是根据经济上合理地、技术上正确地利用水流和土地资源的原则，定出各省灌溉面积的多寡。

更举一例。在同一地区，水库越大，蓄水越多，可能利用的效率越高。但是水库越大，淹没的损失越大，包括居民的迁移，土地的淹没，各项建筑的重建等。三门峡水库应该修多大？也必须根据上述的原则，进行各种不同方案的比较计算，才能得到最正确的解决。

这一系列问题的解决，需要运用辩证的思想方法和较高的技术，必须经过多种方案的比较和缜密的抉择。根据这样的复杂而细致的研究，选定了46个拦河坝的位置，各坝的高度，各大水库的容量以及水库容量分配于不同要求的比例，各拦河坝的水电站的发电量，各拦河坝所灌溉的面积，各不同地区的水土保持方法及其进行的程序等。这些便组成了综合规划的主要内容。这里只能略述大概，以窥一斑。

四、掌握了足够的资料

制定根治和开发黄河的综合规划需要足够的经济与技术资料。自中央人民政府成立以后，就着手制订经济建设计划，并进行各项调查研究工作。同时也着手研究黄河问题，在过去几年内，各主管部门进行了大规模的准备工作。历史的记载和近几十年我国水利学者与水利工作人员所积累的大量资料都得到了系统的整理和利用。各有关部门派出了大批的工作人员在整个黄河流域进行了查勘、测量、地质调查、钻探、水文测验和经济调查的工作。他们查勘了黄河干流和支流河道共达1.6万公里，测量了各种地形图8.5万余平方公里，在干流上选择了100个比较坝址，在27处坝址上钻了344个钻孔，并进行了1.1万平方公里的水库经济调查。集合工业、农业、交通、水利、水力、地质及科学研究部门的资料已基本上足够编制综合规划之用。

1954 年 1 月，由 7 位苏联专家组成的专家组到达北京。同年 2 月，由苏联专家、中国专家和有关各部负责人员组成了黄河查勘团，从兰州以上的刘家峡直到黄河海口进行了重点的实地查勘，以便深入实际了解黄河情况，听取各地方对于治理黄河的意见和要求，解决全面综合开发的关键问题。6 月底回到北京。同年 4 月，以水利部和燃料工业部为主，成立了黄河规划委员会，积极进行关于黄河规划设计文件的编制工作，并在苏联专家组的全力指导帮助下，在同年 10 月完成了这一工作。

在一个较短的时期内能完成这项艰巨的工作，一方面是由于苏联专家根据 30 年来苏联在河流综合开发方面所累积的经验和较高的技术所给予的无私帮助，另一方面就是已经有了足够的资料，可以根据这些资料作进一步的研究。同时，黄河规划委员会由各有关部门和地方的人员共同参加研究，由于各有关部门进行了全面的合作，随时把不同意见求得解决，也是使这一工作得以顺利完成的原因之一。

五、当前措施与远景相结合

在这个计划里，不只制定了以全流域为对象的综合开发的轮廓，还根据黄河防洪和其他迫切的要求，提出了在三个五年计划期间，即 1967 年以前实施的第一期计划。第一期计划是这个规划中的一个主要部分，因为它是指导当前工作的指南。但是第一期计划必然是在全面规划的基础上产生出来的，它是全面规划的组成部分，它不只不能和全面规划有矛盾，而且能为逐步实施全部规划开辟道路。

过去曾有过治理黄河应该从哪里下手的争论。当然在没有全面规划的时候，这些争论的依据只是片面的、局部的或孤立的见解。也有过一些有全面轮廓意见的人，却认为治理黄河应当全面下手，就是主张“百废俱兴”。没有分出轻重缓急，齐头并进是不可能的，也是不合理的。根治和开发黄河的第一期计划纠正了这些错误的看法。

第一期计划规定，首先在陕县下游的三门峡和兰州上游的刘家峡修建大水库，也就是修建两处综合性的水利枢纽。这两处工程，对于防止黄河洪水灾害有决定性的作用。三门峡拟修建约90公尺的高坝，大约可以将现有水面抬高70公尺，上游形成巨大的水库，它的容积达到360亿立方公尺。三门峡水库可以把设想中的黄河最大洪水流量由每秒37000立方公尺减少到每秒8000立方公尺，而每秒8000立方公尺的流量是可以经过山东境内狭窄的河道安然入海的。万一三门峡和三门峡以下的黄河支流伊、洛、沁等河同时发生特大洪水，那么，三门峡水库也可以关闭闸门，把三门峡以上的全部黄河洪水拦蓄4天之久，这样加上伊、洛、沁等河的3个水库的拦蓄，黄河下游的流量就可以仍然减少到每秒8000立方公尺，下游的安全仍然可以确保。在这里修建的水电站可以发电100万千瓦，平均每年发电46亿度，可以供给陕西、山西、河南等地相当时期内在工业上和其他方面的需要。三门峡水库在黄河缺水时期可以把下游的最低流量由每秒197立方公尺调节到每秒500立方公尺，以便保证下游河南、河北、山东接近河岸地区的灌溉用水和航运所需要的流量。

刘家峡水库修成以后，就可以把兰州一带的最大的洪水流量从每秒8330立方公尺减少到每秒5000立方公尺，因而完全避免水灾。刘家峡水库虽然比三门峡水库小得多，但是它的坝却高，所以水电站也可以发电100万千瓦，平均每年发电52.3亿度，可以使甘肃新发展的工业区用电需要得到满足。刘家峡水库可以把河流的最小流量从每秒200立方公尺，提高到每秒465立方公尺，从而保证了下游甘肃省原宁夏部分和内蒙古自治区原绥远部分灌溉与航运的需要。

除此以外，为拦阻三门峡以上各支流的泥沙，以保护三门峡的水库，还在支流上修筑10座水库。并在汾河和灞河上修建综合性水库，在伊、洛、沁等河上修建防洪水库。在青铜峡、渡口堂（内蒙古磴口）、桃花峪修建灌溉引水拦河坝，将扩大灌溉土地3025万亩，并对原有1198万亩的灌溉给水状况加以改善。

第一期计划完成以后，将使黄河从海口到桃花峪703公里的一段，从内蒙古清水河到甘肃银川843公里的一段，以及在三门峡水库内和刘家峡水库内的两段，可以通航。通航距离约占黄河中、下游全长的一半。

此外，还进行大规模的水土保持工作，以期入河泥沙减少 25% ~ 35%，并增加当地农业产量的一倍。

由以上的叙述也可见第一期工程规模的宏大和效益的显著。同时也将为进一步开发黄河水利打下有利的基础。

有的人忽视了编制流域性的综合规划，而只着重地为了找出第一期计划，这当然是不对的。综合规划是根据经济和技术条件制定的全面开发的远景，同时也包括第一期计划，但是有了周密的全面规划才能制订出正确的第一期计划。所以，不能单看重了第一期计划而忽略了全面的综合规划；也不可以先拟订了第一期计划，然后再编制流域性的综合规划，以为先拟出的第一期计划找根据，这是本末倒置，是不正确的。

六、符合社会主义建设的要求

邓子恢副总理在《关于根治黄河水害和开发黄河水利的综合规划的报告》里说："我们要彻底征服黄河，改造黄河流域的自然条件，以便从根本上改变黄河流域的经济面貌，满足现在的社会主义建设时代和将来的共产主义建设时代整个国民经济对于黄河资源的要求。"这个规划达到了这个目的。

李富春副总理在《关于发展国民经济的第一个五年计划的报告》里说："我国建设社会主义的事业，是以社会主义工业化为主体的，而对农业、手工业的改造和对资本主义工商业的改造是两个必要的组成部分，这三者是不可分割的。"又说："发展农业是保证工业发展和全部经济计划完成的基本条件。我们集中力量发展工业，但决不能够减轻发展农业的意义。没有农业的相应发展，我们的工业化事业是不可能实现的。防止和克服农业同工业的脱节，是我们在建设社会主义事业中重大而又迫切的任务。"

根治和开发黄河的综合规划是正确地遵循了这个方针的。凡是自然条件适合而工业正在迅速发展的地区，都把工业的需要放在第一位，在其他地区也在综合开发的原则下，作了适当的照顾。但在宜于发展农业的地区就把农业的需要放在第一位，而在其他地区也给以适当的照顾。这些情况前边都已经说到了。

这个计划是和过去的计划不相同的。例如 1937 年日本帝国主义发动侵华战争后，为谋取我国水力资源，也曾做过治理黄河的初步计划。这个计划的主要内容是水力发电，用以发展日本帝国主义在我国的工业；水流在各级发电利用之后，才灌溉下游平原的农田。由于各水库的蓄水主要照顾到发电，所以对于其他利用的调节量较低，灌溉面积不多，而对于防洪的控制也不够。还有我国过去也有人提过治理黄河的意见，但是认为发展农业生产是主要的，轻视了工业或忽略了工业的发展和要求。这些计划和意见都是不适合于我们现在的要求的。

更明确地说，我们现在的计划正是根据了我国经济发展的要求而拟订的，所以它能符合我们现在和将来的要求。《中华人民共和国宪法》第十五条规定："国家用经济计划指导国民经济的发展和改造，使生产力不断提高，以改进人民的物质生活和文化生活，巩固国家的独立和安全。"这个规定指明了我国经济建设的目标和方向。根治和开发黄河的综合规划正是根据这一条的规定而制定的。所以，它是符合于社会主义建设的要求的。

邓子恢副总理曾指出采取这种方法在过去的时代是不可能的，他说："依靠手工业的技术不可能在黄河上或它的支流上修建水库和水电站，依靠个体农民的力量也不可能进行大规模的水土保持工作。这里需要现代的科学技术知识，需要国家的大量投资，需要广大群众的支持，需要政府和人民、工人和农民的通力合作。因此，采取这种方法在过去的时代是不可能的。"

采取这种方法在资本主义国家是不是可能呢？也是不可能的。唯利是图的资本家是不会考虑广大群众的利益和长远的利益的。资本家会把河流、土地割裂，会因为只求获得最高利润而不正确地利用资源，自然不会有通盘的、长远的、妥善的开发计划，也不会有为广大群众利益的措施。在资本主义国家里也有水库或大水库的兴修，但是它却变为资本家霸占国家资源的工具，变为追求最高利润的摇钱树。所以，垄断资本家对于任何一个河道上的水库的兴修都采取了强夺的手段，强者获得了这个利益以后，又抵制其他资本家在同一河上或有关系的河上另外兴修水库，以免竞争，便于垄断。即使是使用人民纳税所得的款兴修的，即所谓国家举办的水库，它的经济利益也操纵在少数资本家的手里，例如，在发电站内他们就把电力以廉价包去，用以操纵电力的出售。因之，资本主义国家水利资源的开发是随着资本家的利益为转移的，并不照顾人民的利益，也不照顾自然条件的妥善利用，而且还为了个人利益来破坏人民的利益或损害水利的发展。这种事例是很多的。与此相反，社会主义建设对于水利的开发是随着整个国民经济发展的需要而有计划地、逐步地实施的。所以，只有在优越的社会制度的基础上，才能发挥技术上的最大作用，才能最完善地利用自然条件，才能为提高广大人民的物质和文化生活水平而进行建设。

注：（1）成皋县，旧县名，1954 年并入荥阳县。

黄河大堤

黄河下游平原，北边包括子牙河、卫河，南边包括颍河、涡河和淮河下游，流域面积约25万平方公里。这个广大的平原是由于黄河的泥沙淤淀而成，所以称作冲积平原。由于黄河泥沙多，河身淤高，以致洪水高出两旁田地数公尺到十数公尺不等。而黄河的水道也就成为南北的分水岭。郑州以东，除了东平、平阴山地有水流入黄河(如汶河及其他小水)，此外没有支流。河以北的水流入卫河、徒骇、马颊等河入海，河以南的水由颍、涡、泗等河入淮河。也就是说，河以北的地面坡度是从黄河向东北逐渐下趋的，河以南的地面坡度是从黄河向东南逐渐下趋的。这说明了黄河如果决口，就有改道的危险。北决可能侵卫河到天津入海，南决可能夺淮河入长江。在过去3000多年里，黄河泛滥、决口1500多次，大改道26次，使平原上的人民过着悲惨的生活。

几千年的创造

为了防御黄河决口改道，数千年来，劳动人民创造出与洪水作斗争的方法。他们建筑了大堤，创造了建筑复堤的办法，制定了修理和防汛的方法，而且适当地安排了堤距，修建了护岸和减水坝或溢洪堰，在平常的年份，对于保障黄河下游这片肥沃的土地也起了很大的作用。

历史上对于河堤制度比较周详的是明代潘季驯所采取的办法。他把堤分为遥堤、缕堤、格堤、月堤四种。缕堤是近河的堤，用以约束河流，束水攻沙。缕堤以内筑月堤，作为前卫，以免水冲缕堤。遥堤在缕堤以外，作为第二道防线。而遥堤与缕堤之间，又修格堤，为的是在缕堤决口以后，防止水顺着遥堤流下，使决口后的水流，遇着格堤受阻，不至于发展成为河道，并限制泛流的面积。同时，又制定了缜密的防堤制度和修守方法。

潘季驯时的黄河是经徐州、淮阴夺淮河自云梯关入海的。那时的缕堤和遥堤办法，大多施用于江苏境内，现在山东省的西部也有双层堤，颇有缕堤和遥堤的作用。

黄河的特点是洪水涨落很猛，也就是说，水涨时水位很高，但不久就会降落，降落后不久可能又有一次涨水，其次是黄河携带大量泥沙，孟津以东水流骤缓，因而泥沙淤淀河身。为了符合于这种自然情况，黄河的堤防也采取了适当的安排。为了消杀刚进入平原的水势，为了不使河槽淤高太快，在河南省的一段采取了宽堤距的办法。如在郑州以下，两堤相距很宽，一般在 10 公里以上，在夹河滩一带宽约 20 公里。兰考（由旧兰封和考城二县合并）以东才逐渐缩窄。这段宽河槽有停蓄洪水的作用。洪水既然是猛涨而不持久，所以一次涨水的峰顶虽高，而来的总水量并不大（这是按这样大河的比例说的）。根据历来的经验，这段宽堤距的黄河，这时便成为消杀水流的湖泊，可以调节一般年的洪水。此外，水涨漫滩，漫滩流缓，便可使泥沙沉淀在两岸较宽的滩上。在落水时期，滩上清水回归河槽，又有冲深河槽的作用。

兰考到山东的东平，是由宽堤距到窄堤距的连接段，上宽下窄，像漏斗的形状。东平、阳谷以东，两堤相距缩小至 3 公里以内，一般是 1 至 2 公里。我们坐火车过津浦线泺口黄河铁桥时，因为这里黄河很窄，很多人以为所见的不是黄河。这和从兰考渡黄河时，水面宽至 3 公里，半天才渡过的情形大不相同了。而实际上，兰考附近的水流并不比泺口多，只是河槽宽阔，水流漫散罢了。

虽然经过河南省境宽河槽的调节，但在涨水时期，水到下游仍然很大。明代曾在江苏省境作减水坝，以便在河水涨到一定高度而有漫堤决口的危险时，使水从坝上溢出，以免决口。现在洪泽湖大堤上还留着清代所修的几座减水坝。

黄河大堤的建筑，显示了我们祖先的智慧。但在旧社会里，由于统治阶级漠视人民的利益，大堤的破坏很严重，所以人民仍得不到保障。黄河南岸的房屋多是半永久性的，这一方面是由于人民生活水平低，另一方面也是由于黄河决口频繁，不宜于修建永久性的建筑。再则，黄河南岸多种高粱，或者也是因为它是能够适应决口泛滥的农作物。总之，人民是不能安居乐业的。新中国成立后，在人民政府正确领导下，全长1800余公里的黄河大堤获得了新生，河防的情况大大地获得了改善，从而减轻了洪水的威胁。

大堤的新生

黄河南岸大堤长600余公里，在山东省东平、平阴一带接近山地处无堤；北岸大堤长700余公里，合计1300余公里。不过有的地方，两岸的堤还不止一条，如在山东省东平和阳谷等县以西，北岸大堤以外还有一堤，名为金堤，南岸也是双层堤。所以，现在有人防守的堤的长度是1800余公里。

1954年初春，我随同黄河查勘团从济南到了黄河海口，又从那里顺着大堤到了孟津，有时走南岸，有时走北岸。大堤有时临河，水流奔腾地拍打堤脚；有时离河槽很远，望不到水边。到了郑州温县以西，南岸是邙山，北岸是清风岭，就没有堤了。

我对于黄河大堤是比较熟悉的，走过不少次，常能说出沿堤村庄的名称和险工的情况。这次是新中国成立以后第一次来，使我惊讶的是，大堤完全变了样，像走到一个新地方，几乎不认识了。宽阔的堤顶十分平坦，没有车辙、水沟的痕迹，两旁堤坡整齐，满覆着芭根草的蔓茎，地皮上已经泛起绿意。堤顶和堤坡的接棱像一条界限，镶在堤肩上。堤外有两道柳林，迎风袅娜，作为堤的外围。真的，不像走在荒僻的河滩上，而像逛大明湖，像走近一个修整的公园。

大堤临河的地方，有一种保护堤脚免被冲刷的工事，称作护岸，以前大多用高粱秸做成的埽来填筑。这是我国劳动人民几千年来经验的积累，好处是可以就地取材，工作简单，在紧急的时候，可以迅速修成很长的一段。缺点是质轻易腐，不能抵御急流，每年必须有大量的添修。现在这种秸的护岸几乎看不到，绝大部分已经改为石护岸了。这种护岸是在水下抛了厚层的块石，一直伸到河底，再在水面以上砌成石岸。只是在不临水的地方，偶尔还能看见秸埽。

这还只是从外表上看，而堤的本质也和以前大不相同了。堤是由土做成的，它可能已经修成几十年或几百年了。堤身边究竟是什么样子？有没有毛病？有了毛病，裂缝或洞穴有多少？在什么地方？过去一切都没有人知道，因之也从来没有修整填补过。可是在新中国成立后，劳动人民创造了锥探的方法，用轻便的工具，在大堤上锥探了5800多万个眼，发现了8万个裂缝和洞穴，也就是说，沿大堤大约每20尺内就有一处隐患。隐患的大小和严重性不一，有的十分可怕，最长的裂缝达20多公尺，宽4公寸。鼠洞的直径有五六公分，长数公尺到100公尺。獾洞的直径也有五六公尺，长数公尺到20公尺。埋在堤内的人挖的洞，有的长30公尺，宽1公尺多，甚至还有地下室，怪不得在旧社会里大堤常会发生溃决了。现在这些已经在堤身发现的裂缝和洞穴，都已挖开填实，并且还在继续锥探、修整，并进一步研究基础漏水的处理问题。

黄河大堤——坚固的块石护岸工程

我们还参观了兰考对岸长垣县石头庄附近的溢洪堰。这是1951年春天建造的一个水利工程。堰的作用是当遇到大水估计以下的河槽不能容纳时，便可从溢洪堰分泄每秒5000立方公尺的水流。外流的水以北岸大堤与金堤间作为滞洪区，因此就可以减少正河流量，避免溃决改道的危险。为了应付更大的洪水，溢洪堰正在计划扩大。

几年来为了治理黄河，曾先后培修1亿多立方公尺的土，增加了约300万立方公尺的石工和砖工，还用了很多其他的材料。沿黄河险工地段的堤上，还存有大量的供抢险用的石料，这也是从前所看不到的。这一切使黄河大堤达到表里一新，经过了几年的洪水考验，始终没有决过口，证明大堤的防御能力已经大大地加强了。

护堤的防汛大军

堤虽然是防水的物质基础，但是还需要有组织、有热情的人民来防守。现在堤上每隔1公里或2公里就有一座永久性的房屋，这是在水涨时节供防汛的工人住的。他们不论风雨昼夜，像前线的战士一样，经常检查水情、工情，发现有冲坍、渗漏或有漫堤的危险时，就进行抢护或填筑。

每隔十几或二十几公里就有一片房屋，都很清洁整齐，住着防堤的固定工人和管理人员。在过去只有在所谓“河防营”里才有一两座房屋，其余都是不蔽风雨的草棚。而“河道”或“河督”的所在地，则盖着阔绰的衙门，供他们过着荒淫无耻的生活。

固定工人经常观察河势的变化，并对堤岸进行经常性的修理。而在有较大规模的修建工程时，或防御大水的袭击时，便有大量的临时工人参加。沿堤各村还有护堤队的组织，负责保护树木、草皮，以及防止堤身破坏等工作。

从7月到10月是大水期，除增加的防汛工人经常住在堤上外，还组织群众成立防汛预备队，不脱离生产，在遇有紧急情况时上堤。这种组织很周密，对于防御洪水起了很大作用。防汛组织是临时性的，除成立防汛总指挥部外，沿河各省、专区、县、区、村都有防汛组织。有一年，参加的干部有3.8万人，群众有58万人，包括防汛员、运输队、抢险队、预备队等。紧急时，这些人就要全部上堤。

除组织防汛预备队外，还须作工具、物料的准备。这些东西也不一定用，或者不全用，但总得事先备好，用时就按价给付。有一年，准备的工具有43万多件，包括大车、牲口、锨、锹等，还有秸、柳4000多万斤。

有了这样经常的和临时的组织，又有了坚强的大堤，所以在过去几年能战胜洪水，不但保障了两岸人民生命财产和城市、交通的安全，也使黄河下游的面貌有了改变，而这个改变还正在发展着。

使它发挥更大的作用

现在的黄河大堤特别重要。因为我们正在进行社会主义建设，我们迫切地需要增加农业生产，如有决口改道的事情发生，势必造成难以补偿的损失。目前经过新中国成立后加固的堤防，大约可以防御每100年内可能发生一次的大水。由于感到任务的重大，现正加强措施，为防御每200年可能发生一次的大水作准备。这种伟大的措施，在新中国成立以前是绝对不能想象的。但是堤的防御能力是有一定限度的，前面说过，在较大的洪水时，还须从溢洪堰分泄一部分水到滞洪区去，而滞洪区也是农田，不过由于主动地滞洪，事前有准备，可以减轻损失，防止黄河改道。

再则，治水的目的不仅在于使水顺利、平安地流到海里，而且在于利用黄河的水源来灌溉，利用黄河所蕴藏的巨大动力，以发展工业，还要利用这条大河发展航运。所以，治水的方向是尽量地在上边适当地方修建大水库蓄水，蓄水的作用是拦蓄洪水，调节水流，用以供给发展国民经济的各种项目。这对防止水灾来说是治本工作，对兴修水利来说是必要的办法。我们对于黄河的治理正在朝着这个方向走。在长期的准备和苏联专家的帮助下，现已拟订了黄河综合利用的开发计划，黄河的治理必将有新的发展。

但是这不等于说黄河大堤将被废弃。在治本工作没有完成以前，它仍起着决定性的保障作用。在将来，由于水库的运用，要符合最高的综合利益，下游河槽还需要一定程度的堤防，所以它在保障下游平原上仍将起着一定的作用。当然，到那时下游的堤线、堤高等或许可能作适当的修正。

黄河大堤在历史上已经起了很大的作用，而现在又发挥着前所未有的作用，在治理黄河走到更高阶段的过渡时期，它将起着更大的作用。

一九四九年黄河洪水的分析[1]

1949年大汛期间，黄河凡遭遇5次洪水。今以陕县水文站（简称陕县站）之统计为例，第1次洪水峰顶出现于7月7日，流量为5367秒公方；第2次者出现于7月26日，流量为16300秒公方；第3次者出现于9月14日，流量为12700秒公方；第4次者出现于9月26日，流量为8100秒公方；第5次者出现于10月4日，流量为6700秒公方。而后3次之洪水几相连续，因之，高水之持续达40日。而第3次之洪峰虽不甚高，但持续之悠久则突破陕县站30年来之记录；计流量在10000秒公方以上者持续100小时，在5000秒公方以上者凡13日。因此，第3次洪水之总量达58.5亿公方，超出陕县站所有之记录。更配合以黄河下游各段河槽之不同情况，遂造成本年洪水之特殊现象。

所不幸者，以沿河解放未久，各水文站尚未能全部恢复，或尽量充实。自潼关而下，有水文之观测者现仅4站，其中除潼关、陕县与泺口3站之设立较为悠久外，花园口之设站为时仅1年。其他若龙门、孟津、董庄、陶城埠与利津者均未恢复。其在支流者若汾河之河津，渭泾之华县，洛河之巩县，沁河之木栾店，汶水之姜沟等站亦未恢复。因此，欲作黄河下游水文之详细分析实乃不可能者。兹仅就潼、陕、花、泺4站水文之变化，及其相互之关系，略加研究，藉供防洪之参考。然由此亦可见欲事洪水之预测，以掌握水情，则必须有更进一步之措施也。

陕县水文站之历史较为悠久，河槽亦较固定。今即以之为准，作各站记录之检讨。

一、陕县水文站

陕县水文站之第1次洪水起涨于7月3日8时，流量为1470秒公方；4 日 8 时为 2930[(2)]；微落，于 6 日 8 时为 2670；回涨，于 7 日 8 时为 4980；至同日 12 时达于峰顶，为 5370 秒公方。计涨水期为 4 日又 4 小时。8 日 8 时降至 4590 秒公方；9 日 8 时为 4660；微落又回涨，于 10 日 8 时为 4510；11 日 8 时降至 4170；其后颇成有规律之降落，于 16 日 8 时陡降，止于 2210 秒公方。洪水历时凡 13 日，洪水总量为 19.6 亿公方。本文所称洪水总量为自基本水流以上所有之流量。而基本水流曲线则设为自洪水起涨至降止之水流连一直线以表示之。今若将各站在大汛期间之基本水流曲线相连接，显能符合于水流自然变化之规律。是则此项假设当不致引起重大之误差。

第 2 次洪水于 7 月 25 日 8 时起涨，流量为 2970 秒公方；同日 16 时为 3430；同日 19 时为 5080；同日 21 时为 9190；同日 24 时为 14360；其后微落，于 26 日 8 时为 9270；回涨，于同日 16 时为 15370；推算同日 20 时达于峰顶，为 16300 秒公方。计涨水期为 36 小时。于 26 日 23 时降为 15060 秒公方；27 日 8 时陡降至 4950；28 日 8 时为 4740；29 日 8 时为 4330；31 日 16 时为 3810；8 月 3 日 8 时降止于 3360 秒公方。洪水历时 9 日，洪水总量为 16.8 亿公方；其在 5000 秒公方以上者历时 45 小时，总量为 9.2 亿公方。

第 3 次洪水于 9 月 6 日 8 时起涨，流量为 2500 秒公方；7 日 8 时为 3700；8 日 8 时为 5700；9 日 8 时落为 4600；10 日 8 时为 4300；11 日 8 时为 6700；同日 16 时为 7900；12 日 8 时为 9200；同日 16 时为 10000；同日 20 时涨至 12000；旋降，于 13 日 16 时为 9600；至 14 日 8 时为 11500；同日 16 时为 12500；推测同日 19 时达于峰顶，为 12700 秒公方。涨水期为 8 日又 11 小时。14 日 22 时为 12500 秒公方，15 日 8 时为 10800；16 日 18 时为 10000 秒公方。计流量在 10000 秒公方以上者持续 98 小时，约言之为 100 小时。17 日 8 时为 7800 秒公方；18 日 8 时为 8410；19 日 8 时为 8340；20 日 8 时为 5900；同日 15 时降至 5000 秒公方。计流量在 5000 秒公方以上者持续 13 日。其后续降，于 22 日 16 时降止于 3380 秒公方。洪水历时 16 日又 8 小时，洪水总量为 58.5 亿公方；其在 5000 秒公方以上者为 34.9 亿公方。

第4次洪水几与前次者相连，于9月23日16时起涨，流量为3730秒公方；24日8时为4240；25日8时为6950；26日6时为8100；同日8时达于峰顶，为8200秒公方。计涨水期为2日又16小时。27日8时降至6100秒公方；逐渐下降，于29日8时为4000；10月1日2时降止于3400秒公方。洪水历时7日又10小时，洪水总量为10.5亿公方；其在5000秒公方以上者历时63小时，总量为4.7亿公方。

第5次洪水亦几与前次者相连，于10月1日6时起涨，流量为3700秒公方；2日8时为4200；3日2时为6200；微落回涨，于4日21时达于峰顶，为6780秒公方。计涨水期为3日又15小时。5日8时降至6480秒公方；其后之降率颇有规律。于8日16时降至4600秒公方；其后之降率亦有规律而稍缓，于16日8时为3890；17日16时降止于3650秒公方。洪水历时16日又10小时，洪水总量为15.3亿公方；其在5000秒公方以上者历时5日又8小时，总量为4.3亿公方。

陕县站在洪水期之基本水流之变化亦颇有规律。约言之，自7月3日之1500秒公方起，逐渐上升，至7月25日为3000秒公方；至8月3日升至3360秒公方，以后下降，直至9月2日为2300秒公方；旋又逐渐上升，至9月22日，为第3次洪水降止之3380秒公方；至9月30日为第4次洪水降止之3400秒公方，至10月17日为3650秒公方。盖以8月缺雨，故该月之基本水流降低，而9月之雨水丰盛，基本水流亦随之上升也。惟自10月10日以后陕县站较潼关站之基本水流为高，15日以后较花园口水文站者为高。换言之，10月中旬在陕县站之流量记录似较实际者为高，未知河槽有淤积之现象否？

二、花园口水文站

花园口水文站（简称花园口站）位于陕县之下游292公里，容纳洛、沁两大支流，其间受水面积约4.2万平方公里。

第1次洪水于7月6日12时起涨，流量为1500秒公方；7日8时为2600；同日13时为3500；8日8时实测流量为6490秒公方，为峰顶。洪峰较陕县站者迟到 20 小时。计涨水期为 44 小时。同日 13 时降为 4100 秒公方；9 日 7 时降为 3000；10 日 7 时为 4000；11 日 8 时为 2750；同日 16 时为 3500；12 日降为 2700；以后颇平稳，至 20 日 16 时陡降，止于 1300 秒公方。洪水历时 14 日又 4 小时，较陕县站者持久 1 日又 4 小时。洪水总量为 19.0 亿公方，与陕县站者略相符合，因其间虽有蒸发渗漏之损失，尚有洛沁各河为之抵补也。自表面观之，花园口站此次洪水之记载似甚准确，然考其内容实有矛盾之处，详见第 2 次洪水之分析。

第 2 次洪水于 7 月 24 日 8 时起涨，流量为 1570 秒公方；同日 18 时涨至 2940；同日 24 时为 5700；微落，于 26 日 8 时为 4300；同日 16 时以后陡涨，迄 24 时达 9980 秒公方；27 日 2 时为 10100；微落，同日 6 时为 9440；回涨，同日 11 时为 12050；于同日 13 时达于峰顶，为 12900 秒公方。洪峰较陕县站者迟到 17 小时。计涨水期为 3 日又 5 小时。28 日 1 时落至 8100；同日 7 时为 6210；29 日 12 时为 6820；30 日 8 时为 5930；同日 20 时为 4350；其后平缓，直至 8 月 2 日 16 时降止于 4000 秒公方。洪水历时 9 日又 8 小时；较陕县站者持久 8 小时。洪水总量为 24.5 亿公方；其在 5000 秒公方以上者历时 86 小时，总量为 8.6 亿公方。此次洪水花园口站在 5000 秒公方以上之总流量与陕县站者颇相符。惟洪水总量之差数甚大，花园口站超出陕县站者 44%(3)。若谓此超出之数来自洛沁，似亦嫌稍大。查花园口站自第 1 次洪水之末日，即 7 月 20 日，至第 2 次洪水起日，即 24 日，流量记录均在 1500 秒公方左右，相持达 4 日之久。在同一时期花园口站之水位较其前后并无突然升降之变化，而流量则皆现陡降陡升之形态，似欠合理。且在同期间内陕县站之流量均在 3000 秒公方左右，并无倏忽变化之现象，亦可证明花园口站在此 4 日之流量记录不确。再证陕县站基本水流之趋势，花园口站在此 4 日内之流量亦不应有突变之现象。是故花园口站在此 4 日之流量记录甚有错误之可能。苟花园口站于第 2 次涨水时起于 3000 秒公方，而不为 1570 秒公方，换言之，即假定花园口站在此 4 日之流量与陕县站者相同，则花园口站第 2 次洪水总量应为 17.9 亿公方，如是则与陕县站者颇为相符。然将涨落图作如此修正，虽能符合第2次洪水之情况，然又引起第1次洪水两站间比较之矛盾。是则花园口站在20日至24日之流量实际情况尚难臆测。所以致此者，以花园口之河槽极不稳定，于7月上旬大溜本靠南岸，迨至7月下旬即改靠北岸，并刷去北滩1公里半，主流之变迁凡在4公里左右。河槽有如此之变化，宜乎其观测之难准确也。

第3次洪水于9月6日12时起涨，流量为2560秒公方；7日18时为3140；9日6时为5000；12日1时为7220；13日4时为7050；陡涨，于同日14时达14000；微落又回涨，14日11时达于峰顶，为14800秒公方。洪峰较陕县站者早到8小时，而数量亦较陕县站者为稍高。是或由于陕县站于12日ǁ 十[(4)]时已遭遇近似峰顶之流量，此项流量约需24小时可以到达花园口站，苟再遇洛沁上涨，即可能变为花园口站之峰顶。是故此等现象极属可能。计涨水期为7日又23小时，较陕县站者短12小时。14日21时降至13000秒公方；倏落，15日16时降至9960；再涨，17日8时至12000；倏落，18日16时降至5000；回涨，20日10时涨至8750；21日8时为6900；22日6时为3950；23日12时降止于3000秒公方。洪水历时17日，较陕县站者持久16小时。计水流在10000秒公方以上者持续103小时，约言之亦为100小时；在5000秒公方以上者12日又10小时。洪水总量为69.0亿公方，其在5000秒公方以上者为36.0亿公方。此次花园口站之洪水记录虽较陕县站者为大，洪峰亦较高，而来临亦较早，但以洛河暴涨，供给较多，虽不能确知其流量，但就洛河漫滥之情形可以见之。且此期间花园口之河槽变化亦不甚大。故花园口站之记录可能合理。

第4次洪水与前次者几相连接，9月23日12时起涨，流量为3000秒公方；24日10时为6000；25日4时为10300；同日24时为14400；于26日4时达于峰顶，为14600秒公方。洪峰较陕县站者早到4小时，而数量则超出陕县站者78%。计涨水期为2日又16小时，与陕县站者同。27日8时降至7200秒公方；同日22时为4350；28日20时降止于3000秒公方。洪水历时5日又8小时，较陕县站者短

2日又2小时。洪水总量为21.1亿公方，其在5000秒公方以上者历时81小时，总量为14.4亿公方；洪水总量超出陕县站者10.6亿公方，亦即为100%；5000秒公方以上者超出陕县站者9.7亿公方，亦即为200%。在此期间沁河之涨水不大，其差数之大部必来自洛河，然又有不可能者。

按流量在5000至10000秒公方之间时，陕县站流至花园口站约需24小时，如是则花园口站26日4时之洪峰当为陕县站25日4时之水流，即6330秒公方。则两站间对于洪峰之供给应为8270秒公方。又按两站间之总量差为10.6亿公方，平均于5日又8小时内，得2300秒公方。若不计陕花间之损耗，则在此期内两站间之平均径流必为2300秒公方。换言之，欲造成花园口站第4次洪水之情况，两站间之平均供给必为2300秒公方，洪峰供给必为8270秒公方。而此等数量若来自洛河，或洛沁二河，似皆属过大。洛河于第3次洪水中已有较大之供给，此次似难重复发现较大之洪水。终以洛河之水文站尚未恢复，难得证明。惟确知于9月下旬花园口河分3股，是则于第3次洪水之后河槽又有严重之变化也。

第5次洪水与前次者亦几相连接，于9月28日20时起涨，流量为3000秒公方；10月1日2时为4960；2日10时为7230；微落，3日7时为5930，即回涨；4日1时为8270；于同日9时达峰顶，为10230秒公方。洪峰较陕县站者早到20小时，而数量超出陕县站者50%。计涨水期为5日又13小时，较陕县站者长1日又22小时。峰顶维持6小时，下降，5日17时为6830，即回涨；6日10时为8140；急降，7日21时为4120；回涨，8日6时为5330；下落，同日20时为5170；9日20时为4890；10日12时为3000；回涨，12日9时为5610；13日5时为5300；下落，16日12时为2950；17日13时为2380；16日[5]6时降止于2200秒公方。洪水历时19日又10小时，较陕县站者持久3日。洪水总量为39.8亿公方，较陕县站者超出24.5亿公方，亦即超出160%。此次洪水突出于5000秒公方以上者3次，共历10日，总量为12.2亿公方，较陕县站者超出7.9亿公方，亦即超出184%。盖以10月中旬北股断流，中股流大，而南股较弱，河势又变也。加以大水持续1月之久，花园口站必难精测断面，多以浮标测量，则其误差甚大，自属可能。由于第4次及第5次洪水之记录而益见之。

基本水流在7月6日为1500秒公方，于7月20日仍维持同数。此点恐有错误，上文已说明之。至8月4日升至4000秒公方，由此而渐落，颇与陕县站者相符合。至9月2日落至2000秒公方，以后又逐渐上升，亦与陕县站者相符合。其后至9月23日为第3次洪水降止之3000秒公方，至9月28日为第4次洪水降止之3000秒公方，亦均与陕县站者相符合。迨10月中旬落至2200秒公方，则显示陕县站之记录为较高。

三、潼关水文站

潼关水文站（简称潼关站）位于陕县之上游90公里，其间仅有山溪来注，殊少河流，受水面积约为5400方公里。1949年之第1次洪水记录不全。

第2次洪水于7月23日8时起涨，流量为4450秒公方；微涨倏落，24日8时为4040；25日8时为5270；同日16时为9500；微落陡涨，26日8时为12000；又30分钟后达于峰顶，为13000秒公方。洪峰较陕县站者提前11小时又半。计涨水期为3日又半小时，较陕县站者长36小时又半。陡落，于27日8时为5830秒公方；微涨旋落，至卅日8时降止于3100秒公方。洪水历时7日，较陕县站者短2日。洪水总量为15.2亿公方；其在5000秒公方以上者历时5日，总量为9.0亿公方。与陕县站者比较大体相符，惟潼关站在5000秒公方以上之流量持时较久，而洪峰较低耳。

8月14日潼关上涨，流量超于6000秒公方者持续3日，超于5000秒公方者持续5日半。而陕县站于同期内之流量，虽微有上涨之情况，然皆在4000秒公方以下。花园口站虽于16日突涨至6000秒公方，但在4000秒公方以上者为期仅1日半。潼陕间虽有损耗，而潼关站在6000秒公方以上之流量持续3日，陕县站之流量则不及4000秒公方，显系潼关站之记录欠准确，故不视为洪水之列。

第3次洪水于9月4日8时起涨，流量为2100秒公方；6日8时为3700；微落即涨，于7日廿时涨至6200；下落，8日8时为6000；又落，于9日8时降为3800；回涨，10日8时为5000；11日8时为6000；12日8时为6600；13日8时为6800；同日16时达于峰顶，为7000秒公方。洪峰较陕县站者提前27小时。计涨水期为9日又8小时，较陕县站者延长21小时。于进一步叙述第3次洪水之前，愿于此指明潼关站与陕县站流量有显著之不同。查潼关站7日20时之小峰为6200秒公方，与陕县站8日8时5700秒公方之小峰无论就时间或数量上言，均甚相符。惟自此以后之流量则较陕县站者之数量所低甚多；潼关站之峰顶流量仅当陕县站者55%，其他流量亦称是。往年亦每有此等现象，咸认为潼陕间为洪水供给主要区域之一。本年重现，故虽疑之，而初未加深究。

迨至9月14日8时流量降为6800秒公方；15日8时为5900；16日8时为5100；17日8时为6010；18日8时为3400；19日8时为4500；20日8时为3600；21日8时为2750；于22日16时降止于1395秒公方。洪水历时18日又8小时，较陕县站者持久2日。洪水总量为35.6亿公方，当陕县站者61%；其在5000秒公方以上者历时8日又4小时，总量为6.1亿公方，当陕县站者18%。此亦显为不能符合事实之记录。按9月6日至12日陕县之雨量为182公厘，同期内潼关者为185公厘，9月2日至17日咸阳之雨量为187公厘；今设潼陕间在此期间之平均雨量为180公厘，即以径流率为50%论，径流全量亦仅为4.9亿公方。此亦即为陕县站较潼关站洪水总量所超出之最大差额。今陕县站者竟超出22.9亿公方，显为不可能之记录，因之证明记录必有错误。

查潼关站适当黄河转弯之处，河底在往年有于一次洪水中淘深3~6公尺者。此足以说明该处河槽之不稳定。加以近年潼关仅维持水位记载，按往年所制之比率曲线读取流量，错误之机会自然较多。经该站于22日16时以浮标施测，得流量4030秒公方，较之以比率曲线读得者超出2600秒公方。22日为本次洪水之末日，换言之，在落水时期，按黄河一般情况为河底淤积时期，而流量尚差如许，则洪峰之流量岂不所差更多？今姑假定洪峰最高时之河槽断面情况与 22 日者相同，惟流速可能增加 1/3，则洪峰流量可能增加约 4000 秒公方，而峰顶应出现于 14 日 7 时，流量为 11000 秒公方，此乃最低之估计。如是则潼关站自 9 月 8 日至 22 日之流量记录，均应加以修正。

过去曾因陕县站之洪峰流量记录超出于潼关站者甚多，即假定潼陕间为黄河洪水供给主要来源之一。由于以上之讨论，对于过去之记录亦似应加以检查。如 1935 年 8 月 7 日陕县站之洪峰，估计其来自潼陕间者为 5760 秒公方，占洪峰之 32%；又如 1937 年 8 月 1 日陕县站之洪峰，估计其来自潼陕间者为 8600 秒公方，占洪峰之 52%；以同理，亦可推测 1949 年 9 月 13 日之洪峰来自潼关间者为 5800 秒公方，占洪峰之 45%。然潼陕间之受水面积仅 5400 平方公里，以 1937 年之洪峰为例，则洪水之比值流量应为每方公里 1.60 秒公方；以 1949 年之洪峰为例，则洪水之比值流量应为每方公里 1.07 秒公方。此数显为黄河流域所不可获得之高值。今将黄河各站之洪水比值流量[(6)]开列如次：兰州以上之黄河为 0.026；包头以上之黄河为 0.011；包头至龙门间为 0.169；渭河为 0.195；泾河为 0.220；北洛河为 0.149；沁河为 0.261；洛河为 0.595；陕县以上之黄河为 0.035；泺口以上之黄河为 0.018。潼陕间流域较小，此值可能较高。设比值相当于洛河者，则对于洪峰之供给可能达 3200 秒公方。如是则 1949 年 9 月 13 日在潼关站之洪水峰亦应为 9600 秒公方。然 9 月上旬潼陕间之雨量为连绵不断之持久雨，而非暴雨，则比值可能较洛河之最高记录为低，如是，则估计潼关站在此次洪水之峰顶为 11000 秒公方当属合理。以同理，1935 年与 1937 年潼关站之记录亦或不准，是则不能视潼关与陕县间为黄河洪水主要来源之一矣。

第 4 次洪水几与前次者相连，于 9 月 23 日 16 时起涨，流量为 4400 秒公方（即 1730 秒公方之修正数）；25 日 8 时为 6600；26 日 8 时达于峰顶，为 7200 秒公方，与陕县站者为同时。计涨水期为 2 日又 16 小时，与陕县站者相等。潼关站之峰顶可能较 26 日 8 时为早，盖以 25 日 16 时之记录为 7000 秒公方，其后之 16 小时间并未观测。以理推之，潼关站之洪水峰顶可能出现于 25 日 21 时，峰顶为 7400

秒公方，涨水期为2日又5小时。迨至27日5时降至6200秒公方；28日8时为4600；29日8时为4300；于同日16时降止于3960秒公方。洪水历时6日，较陕县站者短2日又10小时。洪水总量为8.0亿公方，较陕县站者低2.5亿公方；其在5000秒公方以上者为4.0亿公方，较陕县站者低0.7亿公方。可见经22日施测之改正后，与陕县站者虽不能尽符，但差误已减。以本年潼关站之观测较不可靠，除对峰顶作上述之修正外，其他暂不论及。

第5次洪水亦几与前次者相连，起涨于29日16时，流量为3960秒公方；30日16时为4400；10月2日8时为6200；微升旋降，于3日12时又回为6200；4日8时达于峰顶，为6750秒公方。较陕县站者提前13小时。涨水期为4日又16小时，较陕县站者短1日又1小时。急落，5日8时为6200秒公方；6日8时为4500；以后无大涨落，8日16时为4400；9日16时为3900；于10日16时降止于2600秒公方。计洪水历时为11日，较陕县站者短5日又10小时。洪水总量为16.2亿公方，较陕县站者超出0.9亿公方；其在5000秒公方以上者历时4日，总量为4.3亿公方，与陕县站者恰同。

基本水流之情形较之陕县站与花园口站者亦欠规律。第1次洪水无记录。而8月初旬之流量显较7月下旬者所低过甚。如7月下旬为4500秒公方，8月上旬为3000秒公方，则与其他二站之情况不符。9月1日降至最低，为1800秒公方，尚与其他二站相符。至9月22日降至1300秒公方，似稍低。至9月29日为3960秒公方，颇与其他二站相符。10月10日为2600秒公方，较陕县站者为低。

四、泺口水文站

泺口水文站（简称泺口站）位于陕县以下711公里，花园口以下419公里。花园口以下之支流甚少，惟汶水较大，但以戴村坝阻水，仅大水时可以分流；再下至分水龙王庙，俗传三分北流入黄，七分南流入泗。根据黄委会水文总站之估计，花园口与泺口间之受水面积为2.4万方公里。昔年花园口至泺口间有水文站3处，即董庄、陶城埠与姜沟；姜沟站观测汶水。今则两站相隔419公里，中无承接，欲求其精确关系，几为不可能矣。

泺口站之水文资料，系根据山东河务局之月报。报告内容为每日最高、最低与平均水位之记载。在 7、8 月间，每隔数日用流速仪或浮标施测流量 1 次，9、10 月间，每日或间日用浮标施测 1 次。报告内仅将施测日之流量填入，但未注明施测时间（下文中有述及时间，系根据报载之水位推算）。其未施测流量之日，除极少数之例外，皆未作流量推算。

现在泺口站水尺采用青岛海面基点，与黄河一般所采用以大沽为基点者不同。今将记录之水位减去 1.627 公尺，改为大沽基点，再根据 1934～1937 年所制之水位流量比率曲线求得未经施测各日之流量。同时将实测之数量一并绘于图纸上，而以实测者为控制点绘制涨落图。惟自比率曲线所求得之数值有者与实测者相符，有者相差颇大。例如 8 月 19 日实测流量为 4636 秒公方，以比率曲线得 6600 秒公方。又 9 月 20 日实测流量为 7447 秒公方，以比率曲线得 14000 秒公方，几差 1 倍。但所绘之涨落图则以实测值为控制点，而 9、10 月间之实测值颇多，故大体不致有误。然泺口站之资料既比较欠完备，则分析自难精确，亦应声明也。

1949 年第 1 次洪水于 7 月 6 日起涨，流量为 1700 秒公方；上升颇为规律，于 4 天又 12 小时后，即 10 日 24 时，达于峰顶，为 5700 秒公方。峰顶较陕县站者迟到 60 小时，亦略与一般规律相符，惟稍早。以陡降之势，于 14 日至 3100 秒公方；其后降落平缓，于 21 日降止于 1850 秒公方。洪水历时计 17 天，较陕县站者持久 4 日，较花园口站者持久约 3 日。洪峰流量较陕县站者微高，较花园口站者微低。洪水总量为 20.3 亿公方，则与上两站者相符。换言之，因第 1 次洪水较低，河槽变化不大，故三站之记录均能相符也。

第 2 次洪水起涨于 7 月 22 日，流量为 1990 秒公方；涨颇平缓，至 26 日为 3300；于 30 日 24 时达于峰顶，为 6500 秒公方。较陕县站者迟 4 日又 4 小时。计涨水期为 8 日又 12 小时。洪峰较陕县站之 16000，花园口站之 12900 秒公方所低甚多。惟陕县站此次洪涨甚为突兀，涨落倏忽，河南与平原[7]境内之宽缓河槽之存水作用得以显著。故泺口站之涨水期长而洪峰较低也。惟按陕花二地之起涨日期言，泺口站起涨似应在26日以后，是可能由于局部径流之注入，以致起涨较早也。达洪峰后以极均匀之降率于8月4日降止于2800秒公方。洪水历时18天。较陕县站者多9日，较花园口站者多8日又16小时。是盖由于起涨较早，与峰顶平缓二因所致也。洪水总量为24.0亿公方，超出于陕县站者7.2亿公方，相当于43%；惟又与花园口站者相符，前既证明花园口站者不合，则此处亦可能有误差。再则陕县站降止于3810，花园口站降止于4000秒公方，而泺口者竟降止于2800秒公方。是亦可证明泺口站之记录稍有不合。苟于此次洪水之末，下降不如此之低，则泺口站之洪水总量自亦当减少。

再则于8月4日以后水又上升，超出于5000秒公方者在5日以上，超出于4000秒公方者在16日以上。山东防汛人员初以为异，认为水位持久不下，必因上游涨水所致。实则此等水流适与陕花者相符，亦即为大汛期间之中水。加以山东8月之雨量特丰，如泺口在8月之雨量为300公厘，而7月者为172公厘，9月者为102公厘，是则雨量之分布与陕县者甚为不同，如是则8月上旬之局部径流亦可能甚高，故泺口站有此现象也。因峰顶不高，而漫长持久，故不视为洪水。

9月及10月初之3次洪水，在泺口站连叠为一。盖以3次洪水本几相连，而河南与平原河槽之存水作用甚大，故流到泺口时3次洪水相连叠，此实应有之现象也。泺口水流于9月5日起涨，流量为2800秒公方；9日为3460；18日达7280；微落，19日为6950；平稳，至21日又回涨；22日17时达于峰顶，为7450秒公方。较陕县站者迟8日。计涨水期为17日。洪水峰迟延之原因，以北岸寿张之张福安，南岸梁山之大陆庄两处民埝于16日决口。外流之水又分别于陶城埠及姜沟回注于河。按正常情况，陕县站洪峰流达泺口站之时应为18日。故泺口站于18日曾有一峰顶。然以其上游之民埝溃决，水有节蓄之机会，故泺口站在17日之水流即较前数日之上涨情势为较缓。18日峰顶现后即下落。其后因蓄水之逐渐回注，遂又于22日升至高峰。是故设无张福安与大陆庄之民埝决口，则泺口站之洪水峰顶应在 18 日，而流量亦必较 22 日所实测者为高，估计之可能达 9000 秒公方。

9 月 23 日水即下落，至 26 日降至 4596 秒公方，旋即回升。换言之，尚未降至基本水流，而第 4 次洪水续来，又回涨也。查陕县站之最低水流在 22 日 16 时，以正常关系论，适符于 26 日到达泺口之记录。后于 30 日 12 时达于高峰，流量为 6300 秒公方，当陕县站者 74%。而陕县站第 4 次洪峰出现于 26 日 8 时，以正常关系论，亦符合于 30 日到达泺口站之记录。其后下落，于 10 月 3 日降至 5500 秒公方，旋又回升。亦未降至基本水流，而第 5 次洪水又续来也。查陕县站之最低流量在 28 日 20 时，亦与泺口站之记录相符。

10 月 3 日回升，至 8 日 17 时达于高峰，流量为 6450 秒公方，当陕县站者 95%。陕县站第 5 次洪峰出现于 4 日 21 时，以正常关系论，泺口站之记录亦相符。惟降水期较久，直至 10 月 30 日仍有下降之势，其时流量为 3100 秒公方。

自 9 月 5 日起至 10 月 30 日止，泺口站之洪水总量为 99. 3 亿公方。以泺口站之记载较略，其精确程度可能较差。陕县站 3 次洪水之总量为 84. 3 亿公方。惟在第 3 次洪水时，花园口站之洪水总量超出于陕县站者 10. 5 亿公方，前已论之。若以此为准，则泺口站之记录尚称相合。此或为偶然之结果，未可遽为断论也。

泺口站之基本水流亦颇有规律。7 月 6 日为 1700 秒公方，21 日为 1850 秒公方。其后逐渐上升，至 8 月初旬达 3000 秒公方，其后继续维持此值，以至于 10 月底。基本水流在 8 月底及 9 月初之所以高于陕花两站者，以 8 月间山东雨量较丰也。

五、总结

第一条

陕县站为一比较优良之水文站，可于其本站之记录，及其与潼关及花园口两站水文记录之比较见之。惟以洪水时期流速过大，无法驶船，不能实测水流，遂难得精确之成果。兹以往例言之，在 1936 年

6月之河底高程与11月比较，相差可半公尺；洪水期间，河底最高时与最低时之差可达2公尺。1937年之变化较轻，在洪水期间河底高程之最大差为1.2公尺。河槽之变化如许，其难得精确之流量计算明矣。陕县站为黄河上难得之优良形势，为下游之关键水文站。是故欲健全黄河水文之观测，必须加强陕县水文站之设备。

第二条

其他各水文站除泺口站较为固定外，在洪水期内河底之高程变化可至3~6公尺。因此变化，河槽之横断面可能增减1000~1500平方公尺。按潼关、陕县、中牟、高村与泺口等站在7、8月间之平均流速为2至2.75秒公尺。则因上项横断面之变化所致之流量差可达2000~4000秒公方。此仅就河底在高程之变化言之，至于左右之变迁，如1949年花园口正流之左右徙动4公里者尚未计及。各项误差自然可以互相弥补，而非累积性质。然由此亦可见各水文站记录之难以准确，以及各站间相互关系之难以录求，亦即说明今后水文站之应如何充实及加强观测。

第三条

花园口之河槽变迁不定，且为新设之水文站，记录殊欠准确。虽地居洛沁汇入之下游，有作为控制站之要求，而无其形势，故仅可作为校正站。1949年中第1次与第2次洪水之记录均不能与陕县站者相符合。第3次之特涨略为相符。而第4次与第5次洪水之记录，则有极大错误之可能。盖以此两次洪水在陕县站之总量为25.8亿公方，而花园口站者竟达60.9亿公方，超出于前者35.1亿公方；是以超出之数即当前者140%。此巨大之流量自非陕花间之支流及局部径流所可供给。如是则必为花园口站记录之错误。

第四条

潼关站在1949年为水位观测，再自多年前所制之比率曲线读取流量，遂使记录发生极大之错误。例如8月14日以后之涨水，其在6000秒公方以上者持续3日，5000秒公方以上者持续5日半，而陕县站于同期内之流量皆在4000秒公方以下。花园口站于同期内在4000秒公方以上者则1日半，仅有突峰达6000秒公方。由此可以证明潼关站之记录不准确。又于第 3 次洪水中，陕花两站之情态略相符，而潼关站之峰顶仅当陕县站者 55%，其他流量之低落亦称是。因之洪水总量为 35. 6 亿公方，仅当陕县站者 61%。虽经计算其间支流及局部径流，亦难符合，显示潼关站记录有极大之错误。于此次洪水之末一日，即 9 月 22 日，用浮标实测一次，证明自比率曲线读得之数量，仅当实测所得之 4030 秒公方者 1/3。此亦可为记录错误之佐证。

第五条

往年曾认潼关至陕县为黄河洪水主要来源之一，此项结论证以 1949 年之情形可能有错误。例如 1935 年 8 月 7 日陕县站之洪峰，曾估计来自潼陕间者为 5760 秒公方，占洪峰流量 32%；1937 年 8 月 1 日陕县站之洪峰，曾估计来自潼陕间者为 8600 秒公方，占洪峰流量 53%；以同理，1949 年 9 月 13 日陕县站之洪峰，估计来自潼陕间者为 5800 秒公方，占洪峰流量 45%。而潼陕间之受水面积仅 5400 平方公里，黄河流域似不可能有此高级之比值流量。今证以 1949 年之情形，实系潼关记录错误之结果，则以前之估计容或亦有相同错误。

第六条

陕县水文站 1949 年第 1 次洪水：涨水期 4 日又 4 小时，峰顶 5370 秒公方，洪水期 13 日，洪水总量 19. 6 亿公方。

第 2 次洪水：涨水期 36 小时，峰顶推估 16300 秒公方，洪水期 9 日，洪水总量 16. 8 亿公方。

第 3 次洪水：涨水期 8 日又 11 小时，峰顶推估 12700 秒公方，洪水期 16 日又 8 小时，洪水总量 58. 5 亿公方；流量在 10000 秒公方以上者持续 100 小时，5000 秒公方以上者持续 13 日；遂造成黄河洪水总量最大与持时最久之新记录。

第 4 次洪水：涨水期 2 日又 16 小时，峰顶 8200 秒公方，洪水期 7 日又 10 小时，洪水总量 10. 5 亿公方。

第 5 次洪水：涨水期 3 日又 15 小时，峰顶 6780 秒公方，洪水期 16 日又 10 小时，洪水总量 15. 3 亿公方。

末三次洪水几相连续，约维持43日之高水。

第七条

花园口水文站1949年第3次洪水：涨水期7日又23小时，峰顶14800秒公方，洪水期17日，洪水总量69.0亿公方；流量在10000秒公方以上者持续103小时，5000秒公方以上者持续12日又10小时。其他各次洪水记载不甚准确，略不列入。

第八条

潼关水文站1949年第2次洪水峰为13000秒公方。

第3次洪水峰推估为11000秒公方。

第4次洪水峰推估为7400秒公方。

第5次洪水峰为6750秒公方。

第九条

泺口水文站1949年第1次洪水峰为5700秒公方。

第2次洪水峰为6500秒公方。

第3次洪水峰为7450秒公方；设其上游之民埝不决，推估为9000秒公方。

第十条

兹以陕县站各次之洪峰流量及洪水总量为准（即100%）比较潼关、花园口及泺口等站之成果，列表如下（见附表一）：

除本总结第六、七、八、九各条所载之数值外，附表一之计算均按记录之数值。其不能与正常规律相符合者业于本总结第三、四、五条中说明。

第十一条

各站间洪水流量之关系，不仅在于峰顶之高低，且以整个洪水涨落图之形态而变。由于本年陕县站与泺口站之洪峰比例，即足说明此等现象。在第1次洪水中，两站之峰高几相等，盖以陕县站之洪峰不高，河道存水之作用不大。陕县而下，又接受伊、洛、沁（花园口站此次洪峰即较陕县站者为高）、汶水之浥注，可能微高。第2次洪水为突涨倏落之形势，陕县站之洪峰达16300秒公方，而持续时间甚暂（在5000秒公方以上者持续45小时），故到达泺口站时仅为陕县

附表一

项目		第 1 次洪水	第 2 次洪水	第 3 次洪水	第 4 次洪水	第 5 次洪水
潼关所占之百分数（%）	洪峰流量		80	55	87	110
	洪水总量		78	61	76	106
花园口所占之百分数（%）	洪峰流量	120	79	117	178	150
	洪水总量	97	144	118	200	260
泺口所占之百分数（%）	洪峰流量	107	40	71		
	洪水总量	104	143			
附注		潼关站无第 1 次洪水记录	花园口站洪水总量校正后之数量占 106%	潼关站之洪水总量已证明错误。洪峰于校正后之数量占 86%。泺口站为修正后之数值	潼关站之洪峰于校正后之数值占 90%	

站者 40%。根据过去之记录，凡陕县站之流量超出于 10000 秒公方，且在陕泺间无决口时，两站洪峰之平均比例即为 40%。故第 2 次洪水之关系亦合于正常之规律。第 3 次洪水持续甚久，则两站之洪峰比例数值自应增高。可见各次之比值虽不相同，但均合于规律。

第十二条

潼关、陕县间之受水面积为5400平方公里，而相距90公里。故除雨季外，陕县站之水流可能低于潼关站者。但在雨季陕县站之洪峰流量及洪水总量皆较潼关站者为高，自亦为正常之现象。花园口与泺口相距419公里，其间受水面积为2.4万平方公里。按年计算，泺口站之总流量常较花园口站（或其附近之水文站）者为低，而洪峰亦低。又因泺口距汶水入口104公里，设汶水暴涨，自戴村坝溢流，泺口站将受局部水流之影响。惟以1949年花园口站之记录欠准确，故难作比较。陕县与花园口相距292公里，其间受水面积为4.2万平方公里。是故花园口站之洪峰流量与洪水总量均可能较陕县站者为大。惟本年花园口站之记录超出于陕县站者过多，亦即超出于可能之范围以外，故不合理。

第十三条

兹将各站间洪峰前进之时间（即洪水峰顶在各站所遭遇之时间），就记录值与校正值分别列于下表（见附表二）。查花园口站在第3次洪水中洪水峰顶之遭遇较陕县站者提前8小时，似违背正常之规律，然以陕县站于最高洪峰来临之2日前曾有近似峰顶之水流，旋即下落。设此洪流到达花园口站，再适汇合洛沁之涨水，可能造成该站之最高峰。是则造成花园口站最高峰之水流，为陕县站最高峰前2日之水流。故花园口站在第3次洪水中，峰顶之遭遇较陕县站者早，甚属可能。但花园口站在第4次及第5次洪水中，峰顶之遭遇皆较陕县站者为早，或有错误。表中更将水流在5000秒公方以上时一般前进之时间一并列入，以资比较。

第十四条

1949年第3次洪水之持续既久，而第4次与第5次洪水又继续而来，遂造成本年洪水之特性。有此种特性之洪水，遂使旧冀鲁交界之董庄以下至陶城埠间100公里之河防感受最严重之威胁。简言之，在此段之下半有数十年未曾见之水位，而洪水持续之时间亦所罕见。推其原因，则由于本年洪水之特性及河槽之特性所致。查第3次洪峰并不为高，是以河南境内河道上滩之水不多，于是河槽之存水作用不著。然陕县站在10000秒公方以上之流量持续达100小时，则说明洪水之总量必大。总量既大而河槽之存水作用又低，则流泄至下段之水，自必能维持相当高之流量，与相当久之时间。河南境内有宽广之河槽，而上滩之水又不多，故河防上毫未感受洪水之威胁。然黄河自旧冀鲁交界而东，堤距由平均9.5公里缩窄为平均5.0公里。迨至陶城埠下游约3公里之位山，河槽更窄，堤距仅约1.5公里。再下约22公里之艾山，又为山逼，堤距仅0.8公里。于是水不得泄，遂造成陶城埠以上百公里间之严重问题。据称陶城埠一带河水上滩深度平均约为2.5公尺，董庄上滩水深平均约为1.0公尺。设河滩顺从河槽自然之比降，此种现象甚足以表示倒漾之作用。亦即说明此一带已变为临时蓄水库。为时既久，堤身渗透，险象环生。查黄河大堤之边坡多为1比2。此间证明本地土质之渗润线成1比6之坡。虽堤顶较宽，亦难抵边坡之不足。再则此段之蓄水作用，又足以调节艾山以下之水流，使泺口站之流量较为平稳。

附表二

项目		第1次洪水	第2次洪水	第3次洪水	第4次洪水	第5次洪水	一般情况
潼关站至陕县站	记录值	—	7小时半	27小时	零	13小时	10至14小时
	校正值		11小时半	12小时	11小时		
陕县站至花园口站	记录值	20小时	17小时	负8小时	负4小时	负20小时	22至26小时
	校正值						
陕县站至泺口站	记录值	66小时	104小时	192小时	100小时	92小时	74至88小时
	校正值		100小时	96小时			
附注				泺口洪峰迟到为上游民埝决口所致	泺口洪峰出现于9月22日12时	泺口洪峰出现于10月8日17时	

第十五条

陶城埠上游北岸民埝之寿张张福安，南岸民埝之梁山大陆庄于9月16日黎明决口。溢水仍分别由陶城埠及姜沟回注入河。据平原省黄河河务局之估计，因此陶城埠以上之水位降落半公尺至1公尺。北岸泛水面积130平方公里，南岸337平方公里，共蓄水5.3亿公方。并估计在决口时平均流量为11000秒公方，经正河下流者为8000秒公方，流入泛区水量为3000秒公方，于44小时蓄满。由此亦可见民埝决口对其上下游水流之关系。不只减轻其上游之威胁，且减低其下游之洪峰。

第十六条

根据基本水流之研究，亦可证明陕县站记录之较为可靠。此站基本水流之变化极为规律，非若潼关站与花园口站者之现有突然之变化也。陕县站之基本水流自7月3日起，为1500秒公方，逐渐上升，至7月25日为3000秒公方，8月3日升至3360秒公方。因陕县一带（及其上游）8月缺雨，基本水流亦下降，至9月2日为2300秒公方。旋即逐渐上升，于9月22日为3380秒公方，以后即维持此数，以至于第5次洪水之终了。惟所应声明者，因水文资料不足，对于基本水流之研究亦极粗略，示意而已。

第十七条

洛沁两河之水文站在1949年尚未恢复，因之有许多问题无从解答。是以对于下游水情之掌握亦难准确。故此二站应即恢复，其安设之位置以不受黄河倒漾之影响为宜。

第十八条

今后仍应以陕县水文站为标准站。在预测洪水时，可自此向下推算，纳洛沁而推至平汉铁桥。即以推算之数为此处洪水之估计，而以花园口站之记录为校正。换言之，仅以花园口站为校正站，不得视为控制站。

第十九条

花园口与泺口间相距419公里，地段太长，河槽复杂，且有汶水之注入。应早日恢复董庄及陶城埠之水文站，及汶水姜沟之水文站。

第二十条

欲从事黄河水流预见性之研究，即上述各水文站分别恢复与充实后，仍感不足，尚须陆续增设。

注：（1）本文著于 1949 年 11 月 29 日，作者时任解放区黄河水利委员会顾问。

（2）2930，参照上文，单位为秒公方，下同。

（3）44%，似应为 45．8%。

（4）此处似应为“廿”字。

（5）此处似应为 18 日。

（6）洪水比值流量，参照上文，单位为秒公方/方公里。

（7）平原，旧省名，1949 年 8 月成立，1952 年 11 月撤销，辖区在今河南省北部及山东省西部一带。

积极进行综合考察
加速制订南水北调规划(1)

西部地区南水北调考察规划工作会议，现在开幕了。这次会议是由中国科学院和水利电力部联合召开的，参加会议的有中国科学院所属综合考察委员会，地学学部等有关单位，水利科学研究院，长江流域规划办公室，黄河水利委员会，青海、甘肃、云南、四川等有关省，中央各有关部门及有关高等院校。这次会议的中心任务是：动员各方面的力量，充分发挥协作精神，分工负责，进行西部地区南水北调的考察勘测研究工作，为今后规划设计提供必要的资料。

我国土地总面积 963 万平方公里，全国多年平均地表径流量约 2.65 万亿公方，耕地面积约 17 亿亩。粗略估计农田灌溉需水约 8000 亿公方，连同垦荒、发展林牧、供给工业和航运用水，总需水量仍小于地表径流量。可见我国水利资源是十分丰富的。但是水量和水能在地区上的分布则很不均匀，约有 3/4 以上分布在长江及其以南地区，尤其是西南地区。黄河流域及下游华北平原（包括滦、海、淮、沂、沭、泗及胶莱地区），总面积占全国的 14.2%，耕地 6.6 亿亩，占全国的 38%，人口占全国的 35%，而地表径流则只有 1240 亿公方，占全国的 4.7%，水能蕴藏量占全国的 8.6%。西北地区面积广大，缺水现象更为严重。而长江流域及其以南地区，总面积占全国的 42%，耕地占全国的 49%，地表径流量却占全国的 75%，水能蕴藏量占全国的 84%。从水利资源的分布来说，调动南方丰富的水量，接济北方是十分必要的。

黄河、淮河以及华北地区，是我国工农业生产的重要区域，将来还有更大的发展。当地的水利资源以及黄河可能供给的水量，远远不敷工农业发展的需要。在黄河下游地区，存在着水利资源不能满足土地需水的矛盾，在中上游存在着灌溉与水电发展的矛盾。广大的西北地区，矿产资源丰富，具有建成新的大工业基地的条件。西部和北部有 16 亿多亩的沙漠，很大部分可以通过一定的水利措施加以改造。同时，在西部地区引水到黄河上游，可以增加黄河各梯级的发电能力，对西北电气化能起一定作用，并且能改善航运条件。引水和输水渠道的开辟，可以构成西部和北部的运河系统，为水路运输提供了条件，并且可以利用落差发电。西北大都为少数民族居住地区，南水北调必将促进这些兄弟民族经济文化的繁荣，从而进一步鼓舞他们以更大的干劲来加强社会主义建设和各族人民的兄弟团结。因此，南水北调有着极其重大的政治和经济意义。

中央对于南水北调工作是十分重视的。1958 年 8 月 29 日党中央发布的《关于水利工作的指示》中，着重指出“全国范围较长远的水利规划，首先是以南水（主要是长江水系）北调为主要目的，即将江、淮、河、汉、海河各流域联系为统一的水利系统的规划，和将松辽各流域联系为统一的水利系统的规划，应即加速制订”。这是党给我国水利建设指示的方向，我们应当鼓足干劲，早日完成党交给我们的任务。

关于南水北调问题的研究，过去也做了一些工作。黄河水利委员会在 1951 年查勘黄河河源时，就曾研究了引通天河水到黄河源的可能性。以后还初步查勘了引汉入黄路线。在黄河技经报告中，谈到黄河流域远景发展的需水量时，建议对以上两条路线进行继续研究。后来，长办、淮委及有关省对于引江、引汉以及长江下游提水济黄、济淮等方案，都作过初步研究。

1958 年“大跃进”以来，南水北调的研究工作也有着飞跃的进展。1958 年 4 月至 10 月黄委组织了考察队，深入康藏高原进行了实地踏勘，对于从长江上游引水入黄河提出了几条路线，并估计了可能的引水量，使我们对于长江上游引水有了进一步的认识。其后，黄委又组织了考察队到西北地区进行考察。引江、引汉到华北的路线，也由有关单位进行了查勘。在党中央水利工作指示发布后，各方面对于这一工作更为重视，并加紧实施。

1951 年以来，中国科学院曾组织了许多综合考察队，分别到康藏高原、柴达木盆地、祁连山、河西走廊及新疆等地进行了综合考察。1958 年 11 月，在呼和浩特召开的六省（区）治沙会议，研究了改造我国西北地区的沙漠问题。这些考察和会议使我们进一步获得了西北经济发展和改造自然的许多资料，对于西北地区的用水要求有了进一步的了解。

以上是这几年来南水北调工作的一个概略情况。根据这些工作的初步了解，南水北调工程在技术上的可能性是存在的。

南水北调的引水范围，包括长江的上中下游，可能还有其他河流，供水的范围也关系到长江以北广大的区域，并且这项建设是一个高度的综合利用的措施。在整个工作中，有很多复杂的、困难的问题需要解决。过去已经进行的工作只是一个开端。因此，有必要根据已有资料进行更大规模的、系统的、全面的考察、勘测、研究、规划工作。

这次会议着重研究西部地区南水北调工作的考察规划问题，尤其着重于 1959 年工作的安排。会议中将听取黄委、长办、水利科学研究院等单位的工作报告，以及有关单位和有关省对于进行这一工作的意见，并制订西部地区南水北调 1959 年工作计划。计划中要包括引水路线和输水路线的勘测，有关地区的综合考察，有关地区经济发展的研究，及其他有关问题的调查研究。计划的安排，应当分别远期近期轻重缓急，而定出不同的进度和方法，以便更迅速、更有效地解决问题。这些工作是很繁重的，牵涉的面很广，中央各部门和所属的有关单位以及有关各省应当共同协作进行。分工办法也希望商定。会议后即刻展开工作，以便能早日提出南水北调规划要点的初步意见。

会议中对于具体规划和用水要求不拟进行深入讨论。至于从长江中游引水和从下游提水的有关工作，在 1958 年全国水利电力会议中曾召集有关单位进行研究，并分配了工作任务。因此，这次会议中不再进行讨论，以后如有需要，可另行开会解决。

在党的社会主义建设总路线的光辉照耀下，破除迷信，解放思想，发扬了敢想敢说敢做的共产主义风格，南水北调的理想有了进一步的发展，西部地区引水的意见更是一个振奋人心、规模宏伟的计划。相信通过这次会议，必能把这一工作向前推进一步，来一个更大的跃进，使这一宏伟计划早日实现。

祝大会成功！

注：(1) 这是张含英在西部地区南水北调考察规划工作会议上所作的开幕词，作者时任水利电力部副部长。

敬祝治黄胜利(1)

今天是治黄统一后的第一次会议，也是治黄干部的团结会议。这说明治黄工作在共产党领导下开始它“万里长征的第一步”，在人民掌握下，发动它真正的力量。这象征它前途有无限的光明。

黄河自然有它难治的特性，可是几千年来之所以治不好，不能完全归咎于它的难治，而统治阶级之不为群众打算，所以不会把黄河治好，不只不能治好，连一点进步都没有，不只没有进步，有时且增加了它的灾害，这也是黄河糟到这步田地的主要原因。往事历历，是不胜枚举的。可是现在就不同了，自从人民作了黄河的主人，再根据它本身的条件，以及20世纪50年代的科学技术，我们有把握将黄河治理好，不只能去害，而且还可以兴利。虽然在前进中的困难不少，我们相信是有办法克服的，不必远处取譬，就单看去年的防汛成绩，战胜了有记载以来的最大洪水，就足以说明对于这点有了确切的保证。

今天到会的有从兰州来的，有从济南来的，包括了黄河三游。这不只说明治黄行政的统一，工作的统一，而且说明“流域治理的统一”的重要性。治河的“区域性”比一般事业都要突出。例如，满洲里的桥梁、公路、铁路等计划标准，可以拿到广州去用，而珠江的计划标准绝不适于黄河。本河和他河的治法虽然不同，但是本河的上下游、本支流，都是脉脉相通，牵一肢而动全体的。计划泺口的治理，不能不顾到兰州的水流，也不能不顾到泾渭的水流。计划宁夏的灌溉，不能不顾到泺口的水流，也不能不顾到下游的用水，这是很明显的事实。设若违背这个原则，河道必难得治，即令有了局部的成就，必难获得“水流最大的利用”，亦难“减至最少的祸害”。所以，要想把黄河治好，必须拿黄河的整体当一个问题来研究，不能局部地、分割地解决问题。所以，我们认为治黄的统一，主要是指明“流域治理”的统一，这一点很值得重视。

各解放区水利联席会议对于我们1950年的工作有了明确的指示：“1950年的水利建设在受洪水威胁的地区应着重于防洪排水，在干旱地区则应着重开渠灌溉，以保障与增加农业生产。同时应加强水利事业的调查研究工作，以打下今后长期水利建设的基础。”我们竭诚地拥护这个指示，因它不只顾及目前的需要与条件的可能，而且着眼于几年以后的发展。空讲远景便脱离现实，只顾现实便陷于短视，这个指示是兼能顾到的。我们1950年的治黄工作，当然要依照这个正确的指示。从本会1950年的计划和预算草案，可以看出是也已经确切地这样作了。大部的款项花在下游的修防，而且抽出一部相当大的款项办理引黄灌田济卫工程。这两种工程确切符合于指示的目标。又打算把宁夏的灌溉计划完成，绥远的可灌溉地区的测量完成，并且进行中游托克托、孟津间的查勘与测量。这无一不与指示的精神相符合。我们在这次会议里都希望能得到明确的决定，以便能及时地实行。

说到研究工作，或者不是这个会议所能详细讨论的，可是这也是最难的工作之一。因为它是一切新建树的出发点，它能左右这新建树的成败，又关系着得到最惠效益的可能性的大小。可是黄河流域这样大，而基本资料又这样缺乏，要想急促地得个整个治理的结论是不可能的。即或得出来，也是欠正确的。因此，可能有两个偏向发生，我们要随时警惕：（一）因为别的河道有了治本计划，而我们没有，就想“急就章”地写一个。是的，黄河的治本计划是急需的，但绝不可因为顾到虚名而急于写，必须根据条件的发展和实际的需要去写。（二）一切的治本工作在开始时，必须谨慎地、详密地考虑，并且逐步地实施。不可贪图急功速效，影响到新事业的发展。我们可能看到有几件急于待办的事情，因而仅只根据我们片面的，或主观的见解，贸然实施，这样是犯了急性病的。我们要沉着地、按部就班地，顾及客观的条件地、逐步地前进。我想毛主席号召“生产长一寸”，也就是这个意思。

虽然这样地提出警告，可是我并不是固执地、保守地、畏缩不前地等待着。相反地，我们也主张不必等待十分完备的资料，就应该着手草拟治本计划，但是要认清楚，这个计划不是一成不变的，而是随资料的增加、需要的进展，随时加以修正的。这样我们一方面有了工作的指南，一方面又可随时代的变化而适应。我这个主张和以前的话并不矛盾，而实是殊途同归，要看出发点如何了。

我们还主张，在有不妨碍治本计划，或为治本计划之一部，于时机成熟之时，某项工程便可提前实施，可是这个计划，必须能照顾全局，将来全部计划实施，它便成为其中一员。这样不只无碍，而且是必要的，这点与以前的话也不矛盾，是很容易看出来的。

我们特别提出来研究的工作：一是因为在会议里没时间讨论；再就是研究也是大家所殷望的。大家对于下游的每年打被动仗，已经感到头痛，而对于水利的开发，也已成为一般所期盼的了，所以今后的研究工作，也可以说策划工作，是十分重要而且很艰巨的。我个人很抱歉，在开封半年多没有一点贡献，就连一点眉目也没搞出来。不过我常自称为“业余的黄河学徒”，不论到哪里，我总愿意追随着大家来学习。这句话我自信还能做得到。

我们过去学习黄河走过许多迂路。现在的情况变了，我们的事业有着飞样的进步，黄河研究的进展也一定很快，且必然地需要很快。因此，我们对于黄河抱着万分的乐观。我们觉得一切都有办法，虽然也有困难，并且一切的推展还需要慢慢地搞。可是就这已经使我们万分地高兴，因为我们从黑暗中走进了光明，我们得到了新生。我们躬逢盛世，而且能为盛世尽一分力量，这是再光荣没有的。所以，我谨祝大家为治黄而努力，并预祝治黄的胜利和大会的成功！

注：（1）这是张含英在1950年治黄工作会议开幕日所作的祝辞。

我爱黄河

我爱黄河，因为它是我们祖国的一条水程约 4845 公里[1] 的长河，它和我们祖国的经济文化有着密切的关系。我曾以半生精力研究、考察黄河，在它两岸几次留下了自己的足迹，为它写下了一些改水害为水利的文章和计划，但是在旧社会里这些劳动虚掷了。新中国成立以后，黄河已开始在洗涤它的冤屈，灾害要被人们消除，资源将被取用。为了编制黄河流域的规划，1954 年 2 月我国有关各部门负责同志和苏联专家组织了黄河查勘团，我们前后在黄河流域重点地区查勘了四五个月，收集到更多的经济和技术资料，使我对黄河有了更进一步的认识。

经过这一次查勘，我更爱黄河，我为它将发挥出的雄厚力量高兴，我为人能征服自然骄傲。我不会像古今诗人那样吟咏它，我也不太会唱那首鼓舞人们抵抗帝国主义侵略的名歌《怒吼吧，黄河》我只在这里为我们的读者描绘一下黄河上、中、下游的性格和面貌。

未开垦的处女地

河源到贵德——1172 公里

打开青海省地图，我们便看到有名的昆仑山脉占据在这个省的西南部。这一带有很多雪线以上的高峰，终年积着光泽皑皑的白雪，正是常说的康藏高原的一部分。巴颜喀喇山脉[2] 是昆仑山脉的一系，约略以西北东南的方向斜横着。巴颜喀喇山脉里有座雅合拉达合泽山，它的主峰高程大约是 5440 公尺。在雅合拉达合泽山南边不远有个名叫曲麻莱的地方，长江上游金沙江的上源通天河从这里流过。山下西南方面的水流入色吾曲再转汇到通天河。西北方面的水流入柴达木盆地，成为内陆河流。它东面的水便流入约古宗列渠，就是黄河的上源。当地藏民流传着以下的民歌：

黄河水从哪里来？
约古宗列；
约古宗列渠的老家在哪里？
雅合拉达合泽。

从黄河的发源地，顺着水流，便到了约古宗列滩、马涌（意即黄河滩）等沮濡地，又经过星宿海（藏名错尕世泽）。以下是两个湖，鄂陵湖（藏名错鄂朗）和扎陵湖（藏名错加朗）。出扎陵湖东走，便到了黄河沿，它是青海通往西康所经过的要道。黄河上源虽然离海很远，以黄河的水程说是4845公里，而河水面的高程虽然在海拔4300公尺以上，可是山上和河滩上都生长着丰茂的草，可以作为牧畜的食料，有着丰富的水流——河、湖、泉——可以作为居民和牲畜的饮料，是一个很好的畜牧区域，是一个很大的富源。这里还有成群驰骋的野马，遍地飞鸣的百灵，游上游下的鳜鱼和其他禽兽。虽然气候比较冷，气压比较低，每天气温的变化比较大，但是这里从事畜牧的人民却克服了自然的困难，从事开拓的工作，愉快地过着高原上的生活。

从黄河沿而下，黄河绕积石山东南流，复折而西北，成一大转折，又东北流经共和县，再东是贵德县。贵德以上的黄河又名马楚。这一段称为黄河上游，所流经的地区，除河谷外，大都在3000或4000公尺以上。海拔虽然很高，但是高原受到强烈的日射，广阔的山岭遮蔽了西北季风，所以气候虽较冷，并不像所想象的那样，全年的平均温度在6摄氏度以上，因之植物有着很好的生长条件。

从河源到贵德河长约1172公里，水面降落到2400公尺，这段的流域面积大约是12.4万平方公里，属于草原地带，基本上还是没有开垦的处女地。

三级台阶 · 两个平原

中游——2970 公里

贵德而东，黄河流域的情况有了改变，它从康藏高原转入黄土高原。从青海省的贵德到河南省成皋县的桃花峪，经过甘肃、陕西、内蒙古、山西等省区，河长约 2970 公里，称为中游。这一段的流域面积约 58.7 万平方公里，其中就有 37 万平方公里的面积为“黄土”所覆盖。黄河古时本来名“河”，可是由于它携带很多黄土，颜色浑浊，便加了一个“黄”字。广大面积的黄土不只影响了黄河的特性，而且为农业生产创造了有利条件。

黄河从贵德而下，仍然流经山地。入甘肃省永靖县后，在仅 84 公里的距离内，就容纳了大夏河、洮河、大通河等三大支流，不远就到兰州。兰州以上的流域面积虽然只当全河的 1/3 弱，但是由于水源充沛，水的来量却约当黄河全年入海水量的 70%。也就是说，每年流经兰州下泄的水量为 322 亿立方公尺。这原是个丰沛的水源，而且来自地势较高的兰州以上，就充分说明了黄河水资源的丰富。

为什么这样说呢？先就现状说，黄河从兰州到海口，低水时期的水流大部依靠这个水源的维持，陕西和山西只在暴洪时期供给下游大宗的水量，这也就是造成泛滥的水量，而在低水时期供给较少。所以，兰州的来水对于维持黄河经常的水流起着很大的作用。兰州水面高程约为海拔 1510 公尺，也就是说，从兰州到桃花峪（桃花峪水面高程约 92 公尺），黄河水面有很大的落差。水量丰沛，落差很大，这说明它的水能蕴藏很丰富，可以利用来发电。水能发电，只利用水从水轮流过，它并不消耗水，水流出来，再经过下边的水轮可以再发电。当然，如有必要，也可以灌溉农田。充沛的水源既然在兰州，那么它下边可以一级一级地发电；同时，可能灌溉的范围也是很广阔的，包括甘肃、内蒙古、陕西、山西和下游各省。还有，水流除灌溉农田外，还可以改善各段的航运。充沛的水源既然来自兰州，那么它下边长约 3200 公里的河道，便不愁没有供给航运的水流了。所以说黄河的资源是丰富的。

兰州以下，河东北流，右纳祖厉河和山水河，出中卫的黑山峡，较为开阔，更东出金积的青铜峡而为平原。

波涛滚滚的黄河蕴藏着无比雄厚的力量，在等待开发利用

从贵德到青铜峡，黄河仍在山峡里湍流，不过山峡是一段一段的，在两峡之间有大小不等的平地。贵德以西是龙羊峡，直到青铜峡有 19 个峡。峡里的水流湍急，旋涡沸腾，所以不能行船，只能用牛皮筏或羊皮筏。两峡之间的平地称作川，只有兰州、靖远、中卫附近的川地较为开阔。

这种一束一放的地形对于经济活动却有着很重要的意义。川地宜于耕种，山地宜于植林，有很好的配合条件。现在较大的川地都是农业的重心，有的也是工业重心。而峡谷又为修建水流的控制工程创造了条件。根据初步了解，有些峡谷的地质是适于修建这类工程的。什么是水流的控制工程呢？是在适宜地点拦河修坝。所谓适宜地点，是有适宜的自然条件和经济条件。就自然条件说，包括地形、地质和水文三项。这里的地形和地质适宜，上边已经说到。兰州以上又有很大水流，所以在水文条件上也是适宜的。就经济条件说，我们知道西北的地下矿藏是丰富的，地表土壤是肥美的，将来的开发是必然的，水利的兴修是可以配合这些发展的。修坝的作用有二：第一是修坝以后，上边壅水成湖，可以蓄水，也就是蓄积多雨季节的水，调节枯水季节的使用。这种坝要求上边的水库有大容量。一束一放的地形远比长距离的山峡有利，因为川地开放的地方可以多容水。第二是修坝以后使水面抬高，它的主要要求是把长距离的河床落差集中在几点，用来发电。例如，有个斜坡道不便行人，把它修成台阶，成为一个阶梯。一级台阶便像一座坝。设若上边有一个大水库，它能发生调节水流的作用，以下有几个坝，虽然它们的蓄水作用不大，但从上边大水库调节后的水流，便可经过它们一级一级地下落，一级一级地发电。这一段的黄河是有这个自然条件的。

青铜峡以下，黄河两岸开放，流经冲积平原，是我国古代引水灌田的地区。出青铜峡，河流荡漾于贺兰山与鄂尔多斯高原之间，流向东北。经石嘴山河势一束，以北又放。到磴口河渐东流，河身宽放，地势平坦，北界狼山、乌拉山和大青山，南界鄂尔多斯高原，这就是大家所知道的河套。河流到托克托河口镇，左纳黑河，并从这里南折，又入山峡。以上这片平原是一个农业区，附近还有畜牧区。从青铜峡到河口镇河流长 867 公里，支流很少，雨量也小，中卫、金积一带没灌溉便没有生产，所以这一地区很早就有灌溉。从水渠的名称如秦渠、汉渠、唐徕渠等，就能略知它们的历史。我们长期地在黄土高原上旅行，忽然到了中卫、银川一带，杨柳垂青，稻田连陌，不只有到了江南的感觉，也深感到有水就有生产，有水就有居民。再往北到后套，也有同样的情景。由于水的可贵，也就联想到整个黄河与我们的关系。不过这一带有待于改造的地方还多。

从河口镇而下，直到龙门（在陕西韩城和山西河津境），黄河在一个长峡谷里南流，在 718 公里的距离里，水面降落约 611 公尺。这段河谷底宽一般为 2 至 400 公尺，两岸陡峻，有的成为峭壁，高出水面数十公尺或 100 多公尺。虽然间或也有宽三四公里的地方，但就整个形势说，全段好像一个峡谷，和青海、甘肃一段的情况不同。

龙门以上 65 公里处有瀑布名壶口，这里谷底宽 250 到 300 公尺，为比较平整的岩层。水流到壶口，在平整的谷底冲成一道深沟，位置约在底的中部，深沟顺河下行，好像在大河槽里套了一个小河槽。沟宽 30 到 50 公尺，深 30 公尺左右。壶口以上，水在宽槽流行，及到深沟上端，全槽的水缩集，倾泻入沟，成为瀑布。水沫飞溅，蒸腾如雾，激流澎湃，声震数里。因为沟里有水，所以瀑布一般跌落是 10 多公尺。大水时，沟里水满，瀑布跌落减小。洪水时就变成急流，不成瀑布形状。

到龙门，两岸陡峭，河槽约束，气势雄伟。出口处，左岸有石崖伸入河里，河宽约 90 公尺。右岸也有石崖外伸，但与岸分离，作孤山状，与岸间有水道约 20 公尺，大水时水流经过，小水时断流。两岸伸崖相抱，好像蟹螯。出龙门，有渡口名禹门口，山岭骤消，两旁山根约与河流成正交。所以，河出龙门，便展开如平原。

这一段黄河容纳两岸支流颇多，但多短骤流急，暴雨径流易集，影响下游洪水升降很大。而河陡谷狭，水能蕴藏很富，且多宜作修坝地点。煤、铁、石油资源很多，可供开发。且以地区适中，发电可以输送到邻近地区使用。所以，这也是水能利用最适宜的一段。

从龙门到潼关 130 公里，两岸开阔，左纳汾河、涑水，右纳渭河水系（包括泾河和洛河），在一个较短距离内，增加了广大的流域面积，各支流流域也都是重要的农业区。

龙门——这里将修筑拦河坝和水电站

河从潼关折而东流，行山谷里，经陕州[3]以东的三门峡，约 270 公里到孟津，逐渐开放。三门峡以上河向东流，遇三门峡坚硬岩层的阻碍，随折向东南，出峡又东流。峡里河为巨石所分，成为三门，右为鬼门，左为人门，中为神门。三门的命名因为船行的难易而分，鬼门水流曲折湍急，行船多遭倾覆。左岸又凿有开元运河，相传是古航道。三门以下又有数石露出水面，其一就是有名的“砥柱”。

孟津以下直到海口，不再有山峡。所以，潼关到孟津是控制黄河干流的最后一段，占有极重要的地位。为蓄水防止下游大平原的水灾，为干流水能的最后利用，为供给下游大平原的灌溉，全赖这一段的控制工程。三门峡有优良的地质和地形，处于关健的地位。所以，三门峡的控制工程便占着治理黄河的首要地位。

孟津以下，右纳伊、洛河，左纳沁河，约 91 公里过成皋县桃花峪，即出邙山。

从贵德而下，穿过一连串的峡谷和川地，经过青铜峡到了平原，好像从康藏高原到青铜峡走下一级台阶。从河口镇到龙门又好像走下一级台阶。从潼关到成皋又好像走下一级台阶。成皋而下为最后一级平原。中游的三级台阶和中间的两个平原，各有经济的特性，好像分成五段。由于经济发展的要求和自然条件的可能，各段对于黄河开发的主要要求也是不相同的。前边所说的潼关到孟津段，主要的要求当然是防止下游大平原的水灾和水能利用，而灌溉农田也必须有适当的配合，并且要照顾下游航运的发展。

大平原的水灾应加防止

下游——703 公里

黄河从桃花峪到海口长约 703 公里，为下游。流经华北大平原。现在河道虽仅行经河南和山东两省，但河南、山东、河北和安徽、江苏北部的大平原上，莫不有黄河过去流经的痕迹。据初步估计，黄河泛滥所及，南侵淮泗，北犯津沽，冲积面积约达 25 万平方公里，居民密集，是现在经济活动的主要地区。

黄河下游，左岸孟县而下，右岸成皋而下，均有堤防。洪水水面高于两旁田地数公尺到十数公尺不等。因之黄河河身便成为南北各河的分水岭，河以南的水流入淮河，以北的水流入卫河，仅山东东平到平阴一带右岸靠近山地，所以没有堤，汶河经东平湖从右岸流入黄河。黄河东北经济南，再东北经利津，由垦利入海，下游流域面积增加 1.4 万平方公里，总流域面积是 74.5 万平方公里（不包括下游冲积平原）。

下游大平原是黄河泥沙淤淀而成的，所以也叫作冲积平原，这正是黄河工作的一部分。它一方面制造了广大肥美的平原，另一方面又经常泛滥为灾。这一地区雨水不调，经常苦旱，所以很需要灌溉，而就地形上讲，河身高于两旁田地，且地面坡度分别逐渐向东北和东南倾斜，这就为引黄河水灌溉下游大平原创造了有利的条件。再则，这一地区交通便利，附近工业发达，又很需要动力。因此，下游大平原便是需要黄河治理最迫切的区域之一。

我们要改造黄河

黄河流域广阔，气候不齐，但都宜于植物生长。广大的高原、平原、缓坡地宜于农作，高山草原和内蒙古草原宜于畜牧，深山、高地和陡坡地则宜于造林。不过在气候上有一个显著的缺点是降水不均匀，在季节的分布上不均匀，在地区的分布上也不均匀。7、8 两月是全年降水最多的月份，而冬季降水很少。许多地方 6 月到 8 月的降水量占全年总量的 70% ~85%，而 12 月到来年 2 月的降水常不到全年总量的 5%，这就引起了春旱秋潦的现象，也是造成下游洪水为灾的原因之一。从地区上说，全年降水从东南部的 750 公厘减少到河套一带的 150 公厘。康藏高原的降水情况现在还缺少记载。这就说明了黄河在不同地区储蓄水、调节水和利用水的必要性。

黄河流域处在西北干燥区域和东南湿润区域之间，它的水量并不算多，平均每年流到海里的水量只有 470 亿立方公尺。但是它在过去却经常地闹水灾。中华人民共和国成立以后，黄河下游的堤防大为加强，灾害的威胁减轻了。但是灾害的威胁还没有消除，水利资源也很少被利用。人民政府为了满足人民这些希望，已经作了许多准备工作，有大批的人员在进行调查研究，还有苏联专家参加，他们走遍了高山、深沟和平原。根据黄河有利的条件，不只可以免除水灾，还可以发展几千万千瓦的电力，灌溉上亿亩的农田。

黄河有着有利的地形，相当丰足的水源，但是过去却未被利用，反而造成灾害。黄河流域有着肥沃而广大的高原和平原，但是一方面由于乱垦滥伐，造成高原土地的破坏，形成严重冲蚀现象；另一方面由于过去统治阶级不关心治河，造成平原的经常灾害。

黄河的面貌正在逐渐改变，它将不是过去人们所形容的洪水猛兽般的可怕；黄土丘陵将逐渐变绿，黄河的浑水将逐渐变清，波涛汹涌的急滩将逐渐变为平静的湖泊，决口泛滥的平原将逐渐变为农产丰收区，变为工业的基地，人们将永远歌颂着黄河，歌颂着和平幸福的生活。

注：（1）本文引用的黄河流域面积、河长、上中下游分界及长度等指标系为当时的划分标准和测量结果，现在这些数据分别为：黄河流域面积 79.5 万平方公里（含内流区面积 4.2 万平方公里），全长 5464 公里，自河源至内蒙古托克托县河口镇为上游，长 3472 公里，河口镇至河南郑州桃花峪为中游，长 1206.4 公里，桃花峪至河口为下游，长 785.6 公里。下文中亦有涉及上述数字处，不再一一注明。

（2）巴颜喀喇山脉，即巴颜喀拉山脉。

（3）陕州，今河南省陕县。

人民水利事业辉煌的成就和发展前途

由于广大人民的迫切需要，在中央人民政府成立以后，水利事业便大规模地展开了。它不仅限于大江大河，也不仅限于消极地防灾。为了保障并增加农业生产，为工业化创造有利条件，在各河流域的各个地区都展开了兴利除害的建设热潮。我们的人民水利事业在劳动人民的集体努力下，已经获得了很大的成就。

水利事业是改变自然面貌的建设，它的范围很广。为了便于说明我国水利事业的情况，我们先把它的内容作一个简略的介绍。就除害来说，常有泛滥的河道，或经常积潦的地区，都是治理的对象。河道泛滥是由于外来洪水漫岸破堤的结果，河患虽在本地，而患源每从上游而来。因之治理的方法，或者是在当地做防御工程，或者是在上游节制来水，或者是在下游疏导宣泄，或者是兼作。它的目的在于防范水灾，这便属于"防洪"工作。积潦是由于本地雨水不能迅速下泄的结果。积潦严重的地区不能下种，轻的地区农产减收。治理的方法，一方面是疏导地面的积水外泄，一方面是降低地面下的水位。这便属于"排水"工作。再就兴利来说，干旱地区或雨水不时的地区农产减收，"靠天吃饭"，若欲减除旱灾的威胁，并提高农田产量，必须开发水源或储蓄水流，及时向农田施水，供给作物的需要。这便属于"灌溉"工作。水流是一种天然的原动力，若是用人工蓄水，并改造河道的自然形势，可以发出廉价的动力，用以发电，送到远方使用。这是工业化、电气化的有利资源。这便属于"水力发电"工作。还有，河道原是廉价的交通线，可是天然河道往往有障碍，不利于航行，或者不能走载重船只，必须加以人工的治理。这便属于"河槽整理"工作。这些仅是水利事业内容的大概，自然不能包括一切。要想达到上述的各种目的，就得修建各种工程，内容就更为复杂了。总之，治水的方法和目标虽然不同，但是它的对象只有一个，就是水。因此，我们在兴办水利的时候，应当全盘考虑，取得对于治水各方面的合理解决。换句话说，即是使水的灾害消除，并使水的利用展开到极大的限度，而在利用之中，又必须照顾到灌溉、发电、航运、都市用水、工业用水各方面的合理分配。因此，就必须根据客观的条件和要求，对于某一问题分别拟定解决的方针。

我们祖国的水利情况怎么样呢？我国地域辽阔，河流交错，蕴藏着丰富的水利资源。可是封建君主，特别是国民党反动统治者，却不为人民打算，使水利事业长期陷于停顿和不断遭受破坏。像黄河在过去2000多年内几乎是“五年两决”，淮河、长江在1931年淹地就在1.6亿亩以上。这些历史性的严重灾难，使广大地区的千百万人民过着极其悲惨的生活。

人民政府成立以后的情况便截然不同了。今暂以过去两年为例，参加水利工作的民工计达1037万人，还有人民解放军32万人协助工作，修了闸坝等建筑物1.1万余座，土工达9.59亿余立方公尺，全国主要河道4.2万公里的堤防，都进行了培修，有的河流已经开始治本。因此，两年来全国遭受水灾的面积逐渐减少，如1949年的水灾面积是1亿亩以上，1950年的水灾面积是6000万亩左右，1951年的水灾面积是2100万亩，今后如果再遇到过去同样的洪水，灾情亦必大大减轻。两年来并创建和恢复了3000万亩的灌溉面积，保证并提高了农业产量。此外，对于水利在将来的发展也作了准备。

现在举几个显著的例子加以说明：

淮河在1950年发生严重水灾，被淹农田4350万亩，受灾人口1300余万。遵照毛主席根治淮河的指示，开始了我国第一个多目标的流域开发工程。所谓多目标，意思是兼顾到治水的各种目标。治淮的主要目标是使淮河流域5500万人民，21万平方公里土地永绝水患，同时还可增加4000万亩的农田灌溉，改善1000公里的航运交通，并有相当数量水力发电的利益。所谓流域开发，意思是兼顾到整个流域的经济开发，不局限于河道某一段，也不局限于干流的本身。治淮的基本方针便是上下游统筹，蓄泄兼顾。在这一原则下，1951年重点修整了干支流河道及堤防，在上游修建了石漫滩、板桥、白沙水库，在中游修建了可以控制72亿立方公尺洪水量的润河集节制闸工程。1952年，在上游又开始了其他水库工程，在中游进行了大规模的河道整理与蓄水工程，在下游开始了苏北巨大的灌溉干渠工程，治淮全部工程预计5年完成。

黄河是世界上有名的河流中含沙量最多的一条河流，新中国成立前经常给下游人民带来严重灾难。从在解放战争的环境中到1951年，下游堤防的加高培厚计用土7400万立方公尺，整修坝埽6000道，计用砖石140万立方公尺，树枝、高粱秆18万公吨。1951年，为了缩小下游灾害，减少洪水威胁，在平原省黄河北岸修建了长达1500公尺的溢洪堰，分泄过量洪水，为预防异常洪水创造了有利条件。

长江是一条有利的河道，但在国民党反动派统治时期曾经数度遭受大灾。其最危险的一段是湖北省的荆江大堤（即从沙市到城陵矶长江北岸大堤），在洪水时期，水面较堤外平地高达十数公尺，形势险恶。1952年，除加强荆江大堤外，并在荆江南岸，沙市下游，虎渡河以东，藕池口以北地区修建可容蓄50亿立方公尺水的分洪区，周围以堤，并修建水闸及节制闸各一座，以保障两湖千百万人民生命的安全。此外，对长江干堤及各圩堰亦均有了适当的培修。

山东南部及江苏北部地区，过去连年遭受水灾，已经举办了带有治本性的沂河及沭河的治理工程。经过3年的奋斗，完成土工1亿立方公尺，石工350万立方公尺，现在全部工程已基本完成；去年苏北已获得空前丰收。现正进一步计划兴修水利工程。

华北的永定河的治本工程业已开始，官厅水库正在兴修，预计1953年夏季可以蓄水。这一工程完成以后，不但可以减免永定河下游水患，供给首都及工业用水，并有发电、灌溉的巨大利益。

在灌溉方面，除引河水修渠灌田外，还发动群众大力凿井修塘，获得了很大的成就。

以上仅是中央人民政府成立两年多以来水利事业的一个概括介绍。

在两年多的时间，为什么我们能够获得这样巨大的成就呢？是由于毛主席的正确领导，是由于广大翻身群众的积极劳动，是由于众多干部的忘我努力，所以才能组织几百万人的劳动大军，在短短的时间内有这样的成就。而参加工作的工程干部绝大多数均是受到毛泽东思想教育的青年，他们学习技术，更从实践中提高技术，在苏联先进经验的指导下，已经有很多人能很好地掌握现代科学，从事各个岗位上的工作，担负起建设新中国的巨大任务了。

新中国的水利建设，正由局部的规划转向流域的规划，由临时性的工程转向永久性的工程，由消极的除害转向积极的兴利，目前仅是一个伟大的开端，还有更艰巨、更光荣的工作等待着我们。

水利事业的目标虽然不同，例如溉田是为了增加农业生产，利运是为了便利物资交流，水力能提高工业生产……但是工作的对象都是水。在一定的情况下，水资源是一定的，怎样能照顾到各方面的效益，而获得最大的利用，便有赖于对水的统筹规划——包括河道上下游的统筹，地下水与地面水的统筹，以及各项利用的计划与配合。这也就是必须掌握水资源，使水灾减到最小限度以至于无，使水利发展到最大限度和妥善配合。否则，假如单独从防灾或单独从发电来考虑问题，便可能偏于片面，得不到水利资源的最大利用和妥善配合。所以水利事业在一方面必须与各有关业务部门取得联系、互相配合，另一方面则必须节蓄水源、统筹规划。

由于我们新中国成立不到 3 年，还有许多困难，虽然过去在水利建设上有些成就，但还只是这项工作的初步，它却有着无限光明美好的远景。苏联部长会议关于水利建设在 1950 年曾有过几个决定，如关于灌溉系统的改造，关于古比雪夫和斯大林格勒水力发电站（均在伏尔加河畔）的建造，关于土库曼大运河的开凿，关于第聂伯河畔卡霍夫卡水电站及南乌克兰、北克里米亚两条运河的建设，关于列宁伏尔加—顿河运河及有关水利工程的提前完成等。这一连串的决定都说明了水利事业在经济建设上的重要性。我们为了建好我们的国家，提高我们的生活水平，除努力于当前的任务外，还要加紧为将来的工作作准备——包括调查研究和干部培育，以争取更大的成就。

青年同志们，我们的水利事业是伟大的、壮丽的，我们的建设任务是艰巨的，也是光荣的，让我们为建设新中国而努力吧！

黄河的治理[1]

在历史上黄河向来被视为灾害之源和难于治理的一条河流，今天在新中国人民无比的力量下，开始被控制起来了。

过去治理黄河仅注意下游修防，因而其作用亦仅止于防洪。新中国成立以后，全河治理和流域性的统一开发，正着手进行规划，而且已经取得了许多实际的成绩。下游两岸堤防在经过时间的考验之后，证明是坚强的，在1947年解放的地区，大堤屹立至今已历5年，沿河人民安居乐业得到了保障，不再为黄河洪水的威胁而日夜不安。在人力的控制下，黄水开始灌溉着田地，并将水送入卫河，加强了新乡、天津间900公里长的航运。

黄河干流全长4400公里，流经9省区，全部流域面积77万平方公里（下游冲积平原未计在内）。远古时代，黄河流域曾被视为中国最繁盛的地区，但在过去几千年中，由于不利的自然条件，特别是统治阶级的自私，从不注意人民的利益，形成了连续不断的灾害。据记载，从公元前620年到公元1938年，黄河下游平均每10年决口4次，造成严重的水灾，又从公元前2278年大禹治水起到公元1938年止，河道大徙7次。在每次改道时，成千平方公里的土地被淹没，无数的房舍被漂毁，造成生命财产上无法估计的损失。

1938年的洪水更突出地说明了反动统治阶级为了他们自己的利益，不顾人民死活的罪恶事实。蒋介石由于他的腐朽军队无力抵抗日寇侵略军的进攻，命令在花园口扒开大堤，用黄水挡着日寇进军的道路，这次洪水所淹没的大片土地，存水几达9年之久，死亡人口约50万。

黄水进入淮河也带给淮河流域千万人民严重的灾害，一直到1949年，人民政府成立之后，才将灾难中的人民拯救出来。人民政府动员了200万以上的工农群众，进行了淮河水系各河流的全部整理工作。在两年中开挖了 400 万公方的土方，以及一系列现代化的闸坝、水库工程，才将蒋介石罪恶行动所造成的灾害补偿过来。

下游的危险性

形成黄河洪水灾害的主要地带，是从孟津以下到海口间 862 公里的堤防段。据地质家的勘测，郑州以东的广大平原，完全是黄河沉积区域，对于黄河挟沙的丰富，由此当可得一概念。

1934 年至 1942 年间，通过黄河陕州站的平均年总水量为 517 亿公吨，而平均年输沙量则达 18.9 亿公吨，年平均含沙量估计为 3.6%，这一数字虽已觉甚高，但较之陕州站最高记载 46%，显已瞠乎其后了。

由于河流携带大量的泥沙和下游平原坡度的平坦，致泥沙淤淀，使大堤间的河床逐渐升高，形成郑州以下的河槽高于其两旁土地的现象。某些地方洪水位较堤外地面高达 4 至 7 公尺。黄河下游的特点之一，就是由于经常决口，泥沙散布于受灾区域，产生由河道向外发展的平缓坡降（约 1/5000），形如屋脊。黄河的这一个特点造成两种情况：（一）大堤必须随河床的升高而不断加高，河堤愈高，守堤愈艰。（二）决口后欲挽回故道亦愈困难。

第二个特点是大的流量集中于 7、8、9、10 等 4 个月内，这 4 个月的总水量占全年水量的 61%。1942 年陕州站最高洪峰流量为 29000 秒公方，同年的最低流量为 250 秒公方，高低相差 116 倍。而在该站记录中，尚有相差达 180 倍者。

黄河高低流量的悬殊可以解释它的河槽为什么不能固定，即河道的曲折摆动，河床深度随之变化莫定。

真正控制的开始

新中国成立后，人民政府不仅开始了下游河道的治理，同时进行了综合的流域规划，其对象为整个河流和全流域的所有水道。其目的不仅限于防洪，并以综合性的规划对整个流域的自然资源作充分的开发。

人民政府成立仅 3 年，治黄的伟大工作不过刚刚开始，但已有不少成就值得注意。首先是下游的复堤和修防，从新中国成立以后到现在（1952 年 9 月）大堤加高培厚共用土方 8300 万公方，整险共用砖石料 174 万公方，柳秸料 18 万吨。

同时，新中国成立以来，复堤工人在复堤及整险的工作效率上，较国民党统治时期提高达 250%。他们修筑的土石堤工，经过洪水的考验，5 年无恙。工程队员靳钊创造了锥探大堤的方法，用以检查大堤内部的隐患，更增强了大堤的巩固性。

沿河人民对于政府的热爱，使他们在防御洪水的斗争中，发扬了高度的热烈情绪。1949 年黄河发生了一次异常洪水，下游寿张、范县一带的洪水位已超出 1937 年洪水位 1. 5 公尺，洪溜淘刷堤岸，造成 430 个缺口。在紧张关头，沿河 35 万群众在政府干部的组织领导之下，散布于 760 公里长的战线上，同洪水搏斗，经过廿昼夜的激烈战斗，他们终于战胜了洪水，保全了亿万人民和财产免于毁灭。

不过，为了解除洪水灾害，仅靠下游堤防的加固是不够的，必须找一个根本解决的办法。在进行巨大的治本工程之前，政府于 1951 年在平原省黄河北岸的石头庄修建了溢洪堰工程，在从 5 月到 8 月短短 3 个月内，工程就完成了。堰的长度 1500 公尺，可以分洪 5400 秒公方，当洪水超过安全限度时，一部分洪水就可以经由溢洪堰分入临黄大堤与金堤之间的滞洪区，保证当陕州站流量为 23000 秒公方时（该站有记录以来第二最高洪峰），下游河槽不致超过其安全容量。

黄河下游的下段系以东北方向流经山东境，故愈近海岸，气候愈寒，冬季河内结冰，近海地区融化较晚，上游已融之冰块被阻塞而壅高，由于气候较寒或天时骤然变化，这些冰块聚结而凝为冰坝，以致河道完全闭塞，水位因而抬高，漫溢大堤，酿成水灾。人民政府除经常用飞机轰炸破除冰坝外，并于 1951 年在山东利津县修建溢水道工程，使它在凌汛时期，水位壅高至一定限度时，可以分流 1000 秒公方，以解除利津一带洪水的威胁。

另一个工程是人民胜利灌溉渠，为黄河下游许多水利工程中的第一个。它的渠首闸位于京汉铁桥的北端，引水 50 秒公方，向北方输送，除灌溉 100 万亩（6.67 万公顷）农田外，并通过灌溉渠增加卫河流量，使新乡、天津间可以常年通航。

这些不过是驯服黄河使它为人民服务的开端，但仅仅这些初步工作，已经解除了沿河居民对于黄河的恐惧思想。一个农民说："谁会想到黄河水不再淹我们，还可以浇地？几千年来，我们老百姓光知道黄河是个祸害。只有共产党和人民政府才给我们带来了幸福。"

人民政府现在正准备扩展宁夏和绥远的灌溉，该两省已有灌溉面积 500 万亩，将来可以发展到 1500 万亩。在引水、排水和防洪诸方面，均将加以改进。绥远省西部的灌溉工程黄杨闸已经完成，这一新的工程计划将使该灌区逐渐扩充至 270 万亩。

过去 3 年来，人民政府曾对黄河的干支流进行了全面的勘测工作，以便提出全流域的全面规划，大家认为解决问题的关键在于中游修筑大水库，并已勘定了不少优良的坝址。在这些工程完成之后，不仅从根本上消除洪水的危害，而且能控制河流，产生大量的电力和灌溉广大的农田。

几千年来，危害中国的黄河现在已经获得了初步的控制。在毛主席领导之下，通过富于创造性的劳动人民的支援，我们有信心扫除黄河残余的威胁，为两岸亿万人民带来永久的保障。

注：（1）本文原名为《黄河的制御》。

梦寐以求的理想实现了[1]

我想就有关治理黄河问题，发表一点意见。

根治黄河，是我们祖先几千年来所追求的理想，是全国6万万人民迫切的希望。现在，在中国共产党和毛主席的领导下，根治黄河的工作就要开始了，这是我国经济建设事业上又一个重大的事情，它将从根本上改变黄河流域的自然面貌，它将为我国走向社会主义社会、共产主义社会创造有利的条件。

黄河流域是我国古代经济、文化的孕育地。它有着肥沃的土壤，早在《禹贡》这本书上就作了很高的评价；它有着丰富的水源，兰州以上的流域面积虽仅占全流域的1/3，而全年的水流却占入海总量的7/10；它有着雄伟的形势，发源于海拔4000多公尺的高原，流经群山，沿河山谷有着修建水库的优良地形和地质条件；它是宋代以前历代首都所在地；它为历代诗人所吟咏高唱。但是由于黄河在自然方面的不利条件和反动统治阶级不关心人民生活，不事治理，甚或破坏水利，遂使黄河在过去经常发生灾害。在3000多年间，黄河下游决口泛滥的记载有1500多次，大改道迁移26次。因此，黄河便蒙了“败家子”的恶名。

历代黄河流域的广大人民通过和洪水的顽强斗争，不断丰富着治河的经验，创造了许多优良的治河方法，保障了农业生产。但是这种防灾工作，只限于下游大平原，仅能防御为患的形势已成以后，所以黄河终不得根治。现在的治理计划是从根本着手，不只要改变黄河在自然方面的不利条件，而且要开发它的资源来为人民服务，不但要消除水患的威胁，而且根据国民经济发展计划从事水流和土地的充分利用。这个计划使我们完全改变了对于黄河的认识，从“祸害”变为“利源”。同时，在治理的方法上，把“除害”和“兴利”统一处理，解决了过去孰先孰后的争论。

在兴利的各方面，用水的要求也是不一致的。例如，水能利用和灌溉农田就存在着矛盾。水能利用并不消耗水，水流经过上游的发电站以后，除蒸发、渗漏的损失外，到下边的发电站仍可使用，可以一级一级地直用到海口。可是灌溉要消耗水量，水到田地以后，基本上不再回入河道。可见要多发电，灌溉就要相应地减少，要多灌溉，发电就得减少。即专就灌溉用水说，也有上下游的矛盾。设若上游灌溉面积大了，下游灌溉面积就要相应地减少；反过来说，情况也是一样。这只是两个例子，自然还有其他的矛盾。这些矛盾在封建社会和资本主义社会里是不可能得到解决的，而在治理黄河规划里都得到了正确的解决。

现在根据技术上的可能性和经济上的合理性，把各个方面的要求都作了妥善的安排。因为只有在优越的人民民主专政制度的基础上，才能发挥技术上最大的作用，才能最完善地利用自然条件，才能用经济计划指导国民经济的发展和改造，使生产力不断提高，以改进人民的物质生活和文化生活，巩固国家的独立和安全。

这个计划不只给我们描绘了一幅美丽的远景，而且根据全面的规划和当前的迫切需要，安排了第一期工程。第一期工程就是黄河综合开发的第一步。在通过这个决议以后，蓝图就要变为现实，黄河流域的水流和土地资源，就要在经济建设的各方面为人民服务了，这是何等令人兴奋激动的大事！

有些资本主义国家的工程师竟妄说2000年后黄河流域就要变成一片沙漠，这完全是诬蔑，完全不了解人民的力量。我们不只不会让它变成沙漠，而且要黄河变清，要黄土高原变为葱茂的森林、丰产的农田，黄河将永绝水患，黄河将给我们带来大量而廉价的电力，推动工业的发展，灌溉亿万亩农田，增加农业的生产，开辟几千里的航道，畅通轮船的交通。黄河流域将要变得风调雨顺，美丽富饶。现在就是这个伟大的改造自然工作的开始！

我从初次到黄河上作调查研究工作，到现在整整30年了。我在黄河上走过不少地方，也写过不少关于黄河的文章，我梦寐以求的是根治黄河的开端。但是在黑暗的反动统治时代，这只是幻想。只有在中国共产党领导人民革命胜利以后，人民做了国家的主人，才能制订为改进人民生活的经济计划，才能逐步建成繁荣幸福的社会主义社会。我坚决响应李富春副总理的号召，为实现国家在过渡时期的总任务和第一个五年计划的任务而奋斗！

注：（1）这是全国人大代表张含英在第一届全国人民代表大会第二次会议上的发言。

附录

黄河世纪追梦人[1]

——缅怀“治河奇人”张含英先生

张含英是中国水利史上的一位奇人。说他奇，因为他人生跨越三个世纪，拥有三个生日，矢志治河70余年，在百岁之际，还在办公室辛勤耕耘，而自从幼年怀抱治河之梦之后，便为了这一梦想的实现，执著奋斗了一个世纪之久。这，在治河史上，绝无仅有！

艰难求索

张含英生于1900年的春季，黄河边的曹州古城、浓郁的花香掩盖不了列强侵凌的喧嚣、华夏子民呻吟的痛苦，也挽留不住难民因黄河泛滥而背井离乡的脚步。位于黄河流向转折点附近的曹州，更是黄河泛滥的重灾区。晚上，辛勤忙碌的人们在树影下难得的休闲时光，也常常被黄河发水的报警锣声所打断。幼年的张含英，生活在老祖母倾情呵护而又绝少溺爱的氛围里。为了张含英的未来，老祖母稍有闲暇，就给他讲大禹治水、女娲补天等古代故事传说，这让张含英从小就埋下了兴利治水、造福苍生的梦想。这个梦，成就了张含英的百年人生。

然而梦境的鲜花却常常被现实的残酷所蹂躏。中学毕业，张含英如愿进入北洋大学学习水利。他刻苦攻读，品学兼优，但是由于参加伟大的反帝反封建的五四运动，张含英被学校开除，要想复学需要具结悔过。爱国无罪！张含英愤而离开北洋大学转赴北京大学求学，却因北京大学无水利学科而困扰，为了心中的那个梦想，张含英毅然赴美留学，先后到伊利诺大学和康奈尔大学读书。这两所大学都是今天大洋彼岸的著名学府，张含英半工半读，以优异成绩获得学士与硕士学位。面对可以留在异国他乡的机会、丰厚的报酬与优裕的生活，张含英留恋祖国，心系黄河，毅然踏上了归国之途。

那时的中国，军阀混战，民不聊生，黄河上堤防失修，决口频仍。1925 年，濮阳黄河南岸李升屯决口，山东河务当局邀请具有丰富学识的张含英考察决口情况，张含英看到旧式埽工质轻易腐，便提出埽工改石工的建议，不料却招致旧河工人员的抵制，言修埽乃河工之成法，不可易。后来张含英又提出引黄河水灌田、发电等建议，虽经试验证明在黄河上行得通，却也难以大力推行。黄河治理，分省而治，观念陈旧，技术落后，河政腐败，处于积重难返、灾祲连年的状态中。

然而连年的大水，引起了国内各界对于治河的强烈关注，在各方的呼吁下，黄河水利委员会终于在 1933 年大水后成立，一贯倡导以近代技术治河的李仪祉、张含英走上了黄河治理的前台，可是堵筑决口不让他们管，下游三省河政也不让黄河水利委员会插手，踌躇满志的李仪祉、张含英只能着手基本资料的准备工作，建立水文站，成立测验队，开展水土保持和河工模型的试验研究。尽管如此，黄河上还是出现了一派新气象，利用近代科学技术治河之风逐步在黄河上播撒开来，黄河治理也朝着河政统一、技术更新的方向一步步前进着。但是当权者的制肘，经费的拮据，旧官僚的愚昧迷信，还是让李仪祉、张含英深感无奈，愤而辞职。加上日本全面侵华，抗日战争爆发，一个充满希望的治河新局面就这样被扼杀了。

1941 年，张含英被任命为黄河水利委员会委员长，抗战时期，河防即国防，治河经费奇缺，修防队伍归军方节制，大堤作为军事工程管理，黄河水利委员会处于艰难维持状态，难有作为。1943 年张含英视察防泛西堤修防，被某些官员嘲笑要不来钱，贻误河工，张含英即拂袖而去。

自 1925 年回国，20 年间，工作换了十余个，两度任职黄河，均无善终，胸中的那个治黄梦想依然虚幻，难以实现。但张含英毫不气馁，一有机会，便深入地学习研究古代河防知识，用近代技术的观点分析研究，把传统经验与近代技术结合起来，探索黄河治理开发的方略、对策，写下了大量的理论著作，比如30余岁出版的《治河论丛》、《黄河志——水文工程》等，成果丰硕，为探索黄河治理方略作出了贡献。

抗战胜利后，国民政府组织黄河治本研究团，由张含英任团长，对黄河上中游作了系统考察研究。根据这次考察成果，结合已有的认识、实践，张含英写出了《黄河治理纲要》的重要论著，系统地阐述了他的治河主张，强调对于治黄要上中下游统筹规划，综合利用，综合治理，显示了他对于黄河治理的远见卓识，推动了黄河治理理论与实践的发展。

不过，国内内战阴云密布的现实，又让张含英备感凄凉，陷入“纲要虽好，然而何时才能实现”的无助失望中。

泱泱中华，虽然历遭劫难，然而黄河母亲始终挚爱着她的每一个儿女，也为希冀大展宏图的英才提供着施展抱负的机会。

三个生日

考察结束后，张含英的工作又迭遭变动，并鬼使神差地被推到了北洋大学校长的职位上。由于教育经费不能按时发放，1948年底，张含英去南京国民政府教育部交涉，却被教育部要求撤往台湾。这让张含英深为震惊。自己的梦想是治河，自己的事业在大陆，怎么能去台湾呢?！为了免遭厄运，他蓄起了长须，以防被认出来，行动上也谨小慎微，从而躲过了远赴台湾的浩劫。

开始于1946年的人民治黄事业，这时已走过了艰苦的初创阶段，黄河连续两年安澜，堤防得到修缮，队伍得到发展，并进行了大规模治理开发的初步研究。黄河的治理开发与长治久安，迫切需要大批具有理论与实践经验的技术专才。

解放区政府想起了张含英！南京解放的第三天，冀鲁豫解放区治黄事业的初期领导者段君毅就到张含英家探望，恳请他赴解放区治黄机构工作，张含英慨然应允。

1949年6月，张含英赴开封就任解放区黄河水利委员会顾问，时值伏秋大汛即至，人民治黄机构清新的风气，忙碌的场景，高效的工作，治河员工干练的作风和高度的责任心，都给他留下了深刻的印象。尤其是得知解放区黄河水利委员会防汛会议决定：当年防汛工作，要“保证陕县黄河水流涨到16000立方米每秒时，下游大堤不决口”。历史上从来无人敢保证黄河大堤不决口！中国共产党人气冲云霄的气魄，让张含英既震惊又佩服，深感天下大变，换了人间。但同时他又很振奋，因为在这样一个前所未有的新时代中，自己必然能找到属于自己的位置，为人民治黄而工作，实现自己久已蕴藏的黄河梦。

张含英一方面积极参加政治学习，追求进步，一方面为治黄事业的发展提出了诸如兴建人民胜利渠等多项建议。

但是张含英不久又离开了他极为留恋的治黄岗位，不过，这次他没有了彷徨凄凉，而是带着沉甸甸的责任。因为全国水利事业的发展需要大批人才，大批的管理者与技术干部，张含英被任命为水利部副部长兼技术委员会主任，参与筹划包括黄河治理在内的全国水利建设。

他仍然为黄河奔波着，考察黄河河道、工程、坝址，考察黄土高原，为编制“黄河综合利用规划技术经济报告”呕心沥血地工作着，为全国人大通过根治与全面开发黄河决议欢呼着，为黄河三门峡的建设忙碌着，为三门峡枢纽的改建及下游的治黄实践思索着。

张含英把新中国成立之日，视为自己的第二个生日，他以自己的辛勤工作证明，在人民治黄事业波澜壮阔的发展中，他确实新生了。

工作上信心百倍，政治上不甘落后，他1956年就提出了加入党组织的申请，此后更矢志不移，努力学习政治理论，逐步改变自己头脑中的旧思想，清正廉洁，一尘不染。“十年动乱”中，他洁身自好，不随波逐流，改革开放后，他青春焕发，70余岁的他顿感神清气爽，备感治黄的春天、水利的春天、科技的春天又再次来临了。他探索水利在国民经济发展中的地位问题，深入研究水利经济问题，为水利改革和发展呐喊、筹划。同时，他的政治信念更加坚定了，对中国共产党的追求更加炙热了。1981年初夏，中共党组织伸开双臂，拥抱了这位追求了四分之一个世纪的赤子。

张含英万分激动，把入党之日视为自己的第三个生日，把自己比作党的新生的婴儿，要用新的奋斗感谢祖国的教育与关怀。他每天坚持去办公室，学习文件，看书，读报，写文章，接待来访者，要让思想和技术跟上时代的发展步伐，在耄耋之年，虽不能参加一线工作，但还可以摇旗擂鼓，振奋士气。“余热夕阳颂，向前赤子心”，这句诗就是他晚年心境与行动的写照。

黄河情结

张含英具有浓郁的黄河情结，他为黄河喜，为黄河忧，为黄河谋，为黄河忙。用他81岁时的话说，是“黄河召唤系我心”。用他百岁时的话说，是“治河之心未泯，黄河情结依旧”。

是呀，自从青年时期投身治黄实践，他的心就一刻也没有离开过黄河，黄河的每一段河道，每一段优良坝址，每一个地域的风土人情，每一次重要决口的前因后果，他都了然于胸。他走遍了黄河的山山水水，思索过全流域的开发治理方策，许多重大的决策里面有他的心血，许多重大的工程里面有他的汗水，他确实做到了为黄河而生，与黄河共荣。

在事业发展的年代里，他奔波在实践一线，推动着治黄事业的发展，在“十年动乱”的岁月里，他躲进图书馆，认真进行历史治河研究，汲取着古代治河的丰富营养，用现代技术的眼光，总结着古代与当代治河的得失，完成了具有很高学术水准的《历代治河方略探讨》、《明清治河概论》等著作。

他办公室的墙上，挂着大幅的黄河流域图，退出领导岗位之后，每逢黄河部门来人，他都在那幅图下接待，在那幅图下看书、写作，那幅图仿佛就是一位老朋友，年年月月和他有聊不完的话题，从而也活跃着他思考的灵感，使他感悟出一个个促进治黄事业进步的奇思妙想。

国家确定了水利是国民经济基础产业的地位后，确立了水利事业